戦う男の軍服図鑑

軍服を愛でる会（編）

軍服カラーギャラリー……………………004

CHAPTER_01
18世紀〜W.W.I
—軍服黎明期— …………… 017

オスマン帝国……………………018
オスマン帝国イェニチェリ 歩兵………018
イェニチェリの軍服／トルコ様式の帽子
軍服に起源をもつ現代制服

東ヨーロッパの軽騎兵…………022
ハンガリー軽騎兵（ユサール）…………022
ポーランド槍騎兵（ウーラン）…………023

アメリカ独立戦争………………024
イギリス陸軍 近衛歩兵…………………024
イギリス陸軍 近衛騎兵（ライフガード）…025
アメリカ植民地軍 歩兵…………………026
フランス陸軍 近衛歩兵…………………027

ナポレオンの時代………………028
フランス陸軍 軽騎兵……………………028
フランス軽騎兵の装備
フランス陸軍 歩兵………………………030
フランス歩兵の装備

トラファルガー海戦……………032
イギリス海軍 提督………………………032
フランス海軍 士官………………………033

日本海海戦………………………034
帝政ロシア海軍 司令官…………………034
大日本帝國海軍 士官……………………035
大日本帝國海軍 士官……………………036
大日本帝國海軍 正装時の装身具／袖章（礼服）

第1次世界大戦…………………038
イギリス陸軍 スコットランド歩兵……038
フランス陸軍 歩兵………………………039
ドイツ帝国（プロイセン）陸軍 将校……040
イタリア空軍 パイロット………………041
コラム
フランス陸軍とイギリス海軍…………042

CHAPTER_02
W.W.II
—軍服成熟期— …………… 043

ナチス親衛隊（SS）……………044
アルゲマイネSS 将校……………………044
SSのヘッドギア／勲章
武装SS 将校………………………………046
SS将官の上衣／SS階級章
SS機甲部隊 下士官………………………048
第3SS機甲師団 兵卒……………………049

その他民兵組織…………………050
ナチス突撃隊（SA）将校…………………050
イタリア国家義勇軍（MVSN）下士官…051

陸軍………………………………052
ドイツ陸軍 将校…………………………052
ドイツ陸軍 下士官………………………053
ドイツ陸軍 将校…………………………054
ドイツ陸軍階級章
大日本帝國陸軍 将校……………………056
大日本帝國陸軍 憲兵……………………057
大日本帝國陸軍 兵卒……………………058
大日本帝國陸軍階級章
イタリア陸軍 将校………………………060
イタリア陸軍 下士官……………………061
イギリス陸軍 将校………………………062
トレンチコート
フランス陸軍 将校………………………064
フランス陸軍 下士官……………………065
アメリカ陸軍 将校………………………066
アメリカ陸軍 下士官……………………067
ソビエト連邦陸軍 将校…………………068
ソビエト連邦陸軍の装備
ソビエト連邦陸軍 兵卒…………………070
中国国民党軍 将校………………………071

INDEX

海軍 ································· **072**
　イギリス海軍 士官 ················ **072**
　　立襟ジャケット
　イギリス海軍 水兵 ················ **074**
　　ダッフルコート
　イギリス海軍 下士官 ············· **076**
　　ピーコート
　イギリス海軍 下士官 ············· **078**
　　セーラー服
　ドイツ海軍 Uボートクルー ······· **080**
　ドイツ海軍 下士官 ················ **081**
　ドイツ海軍 司令官 ················ **082**
　　ドイツ海軍階級章
　大日本帝國海軍 士官 ············· **084**
　大日本帝國海軍 士官 ············· **085**
　大日本帝國海軍 水兵 ············· **086**
　　大日本帝國海軍階級章
　イタリア海軍 士官 ················ **088**
　イタリア海軍 水兵 ················ **089**
　フランス海軍 下士官 ············· **090**
　フランス海軍 水兵 ················ **091**
　アメリカ海兵隊 下士官 ··········· **092**
　コラム
　海軍と海兵隊 ······················· **093**

空軍 ································· **094**
　アメリカ陸軍航空隊 将校 ········ **094**
　　フライトジャケット
　ドイツ空軍 将校 ··················· **096**
　ドイツ空軍 下士官 ················ **097**
　大日本帝國海軍航空隊 将校 ····· **098**
　イギリス空軍 パイロット ········ **099**
　コラム
　ヒトラーユーゲント ··············· **100**

CHAPTER_03
現代の軍服
　—軍服の明日— ·················· **101**

陸上自衛隊 ························ **102**
　陸上自衛隊 幹部 ··················· **102**
　　陸上自衛隊・制帽
　陸上自衛隊 陸士 ··················· **104**
　　陸上自衛隊階級章(乙)/職種徽章

アメリカ陸軍 ····················· **106**
　アメリカ陸軍 幹部 ················ **106**
　アメリカ陸軍 下士官 ············· **107**

海上自衛隊 ························ **108**
　海上自衛隊 幹部 ··················· **108**
　　海上自衛隊・制帽
　海上自衛隊 海士 ··················· **110**
　　海上自衛隊階級章(丙)/海上自衛隊徽章

アメリカ海軍 ····················· **112**
　アメリカ海軍 士官 ················ **112**
　アメリカ海軍 下士官 ············· **113**

航空自衛隊 ························ **114**
　航空自衛隊 幹部 ··················· **114**
　航空自衛隊 パイロット ·········· **115**

アメリカ空軍 ····················· **116**
　アメリカ空軍 幹部 ················ **116**
　アメリカ空軍 パイロット ······· **117**

特殊部隊 ··························· **118**
　イギリス陸軍SAS 隊員 ··········· **118**
　コラム
　特殊部隊 ···························· **119**

その他 ······························ **120**
　アメリカ海兵隊 下士官 ·········· **120**
　イタリア国家憲兵(カラビニエリ)····· **121**

用語集 ································· **122**
作家コメント ························ **124**
国別索引 ······························ **126**

GALLERY 軍服カラーギャラリー

**アルゲマイネSS
将校**
(P.044)

武装SS 将校
(P.046)

SS機甲部隊 下士官
(P.048)

軍服カラーギャラリー　GALLERY

第3SS機甲師団
兵卒
(P.049)

GALLERY 軍服カラーギャラリー

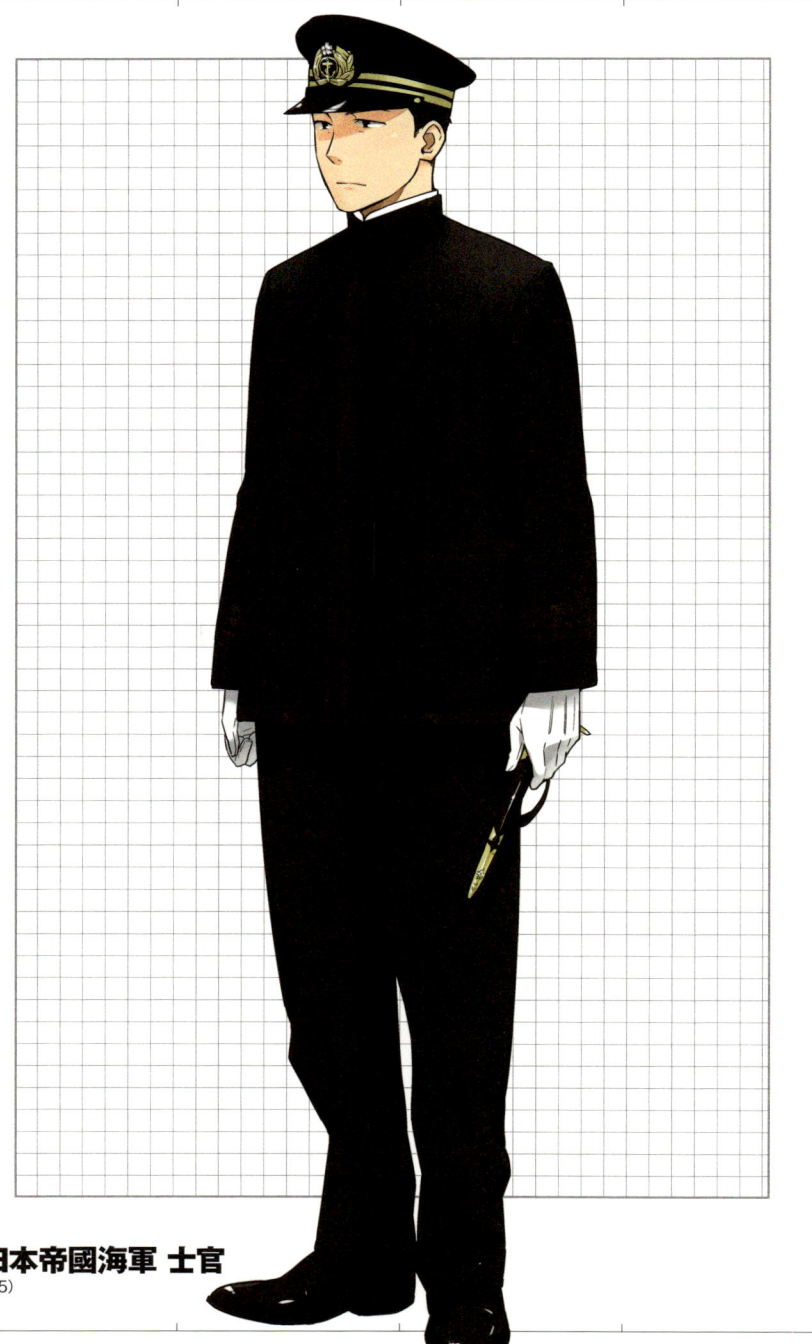

大日本帝國海軍 士官
(P.035)

軍服カラーギャラリー　GALLERY

陸上自衛隊 幹部
(P.102)

GALLERY 軍服カラーギャラリー

オスマン帝国
イェニチェリ 歩兵
(P.018)

軍服カラーギャラリー　GALLERY

フランス陸軍 歩兵 (P.030)

011

GALLERY　軍服カラーギャラリー

ドイツ帝国（プロイセン）
陸軍 将校
(P.040)

軍服カラーギャラリー　GALLERY

帝政ロシア海軍
司令官
(P.034)

イギリス陸軍 将校
(P.062)

軍服カラーギャラリー　**GALLERY**

**イギリス海軍
下士官**
(P.078)

アメリカ陸軍航空隊 将校
(P.094)

CHAPTER_01
18世紀～W.W.I
―軍服黎明期―

　軍服の原型は、17世紀頃のヨーロッパで登場。18世紀になると各国の文化を反映した個性豊かな軍服が作られた。その中の一部は、スーツやコートなど現在の服飾のもとになっている。

●軍服データの読み方
①所属
イラストの軍服を使用していた組織の名称
②種類
状況に応じて使い分けられる軍服の種類
③想定年代
イラストのような軍装が使用されていた時期

[オスマン帝国]

軍服の源流は、ヨーロッパ最大の脅威にあった

オスマン帝国 イェニチェリ 歩兵

①オスマン帝国常備歩兵軍団
②通常軍装
③16世紀

　イェニチェリとは、14世紀にオスマン帝国（現在のトルコ）で誕生した精鋭部隊である。16世紀にオスマン帝国がヨーロッパで勢力を拡大すると、イェニチェリの軍装である立襟の肋骨のような飾り紐がついた服は、各国の軍装に影響を与えた。まずハンガリーの軽騎兵が取り入れ、さらにフランス騎兵もそれに倣った軍装を採用した。また、腰に巻く布はサッシュと呼ばれ、ヨーロッパの軍隊で、礼装時のたすき飾りや、サーベルをつける腰飾りとして広く使われることになる。サッシュは、タキシードの時に腰に巻くカマーバンドの原型になったと言われている。

イェニチェリの軍服

ドルマン

イェニチェリが着用する上衣。「ドルマン」とはトルコ語で「上着」を意味する。ボタンと肋骨風の飾り紐によって装飾されている。袖が長く、普通は肩の辺りの切込みから腕を出し、残りの袖を垂らして着用する。この袖は、ヨーロッパではハンギング・スリーブと呼ばれ、どちらかというと装飾的な意味合いが強かった。

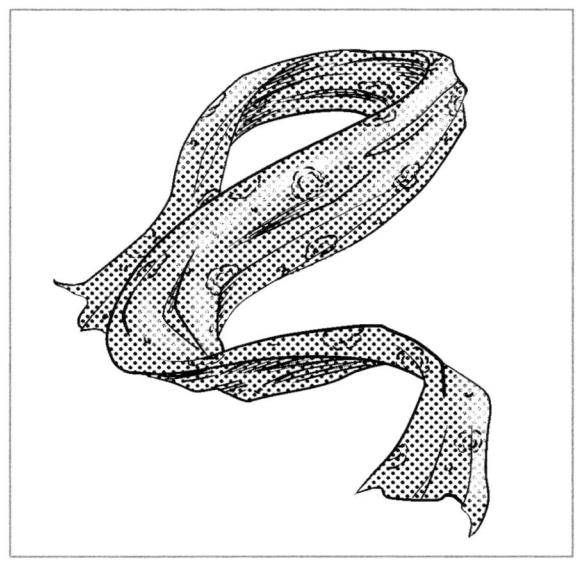

サッシュ

ドルマンの上、または下に着用した飾り帯。戦闘時に、短刀や矢筒などの武器類を身につけておくのにも使われた。ヨーロッパでは15～19世紀に、礼装時に勲章や軍刀をつける腰飾りとして王侯貴族や軍人に使用された。現在でも、式典など公の場での礼装の際に、サッシュを着用した姿を見ることができる。

トルコ様式の帽子

カルパック帽
　キルギスの民族帽が原型。熊の毛皮で作られている。トルコ軍に影響を受けたハンガリー騎兵が軍装に取り入れ、ナポレオン時代には精鋭部隊の制帽に定められていた。

シャコー帽
　ハンガリー騎兵から各国に伝わった。ナポレオン時代には派手なあご紐をつけて着用した。前面に大きな金属製のプレートが入り、ひさしの上には金色の紐飾りがつく。

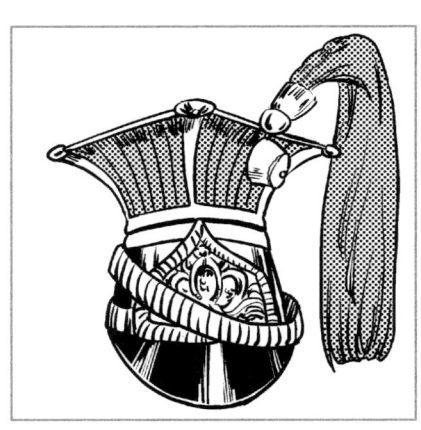

チャプカ帽
　ポーランド槍騎兵がかぶっていた制帽で、帽章の上に、羽飾りか馬の毛の飾りがつくのが特徴。前面のプレートには徽章がつく。上部は四角い板状で、布が張られている。

ケピ帽
　水平のつばがついた円筒形の帽子。上面の刺繍は階級によって異なる。ナポレオン３世の時代に、フランス陸軍が使用した。フランスの軍や警察は今でもケピ帽を使用している。

軍服に起源を持つ現代制服

シングルブレストのブレザー

シングルのブレザーは騎兵のジャケットに起源を持ち、本来はセンターベントで仕立てられていた。長いジャケットの裾が、乗馬した際に綺麗に見えるように中心に切込みが入れられている。

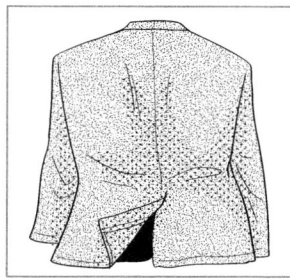

センターベント

ダブルブレストのブレザー

ダブルのブレザーは、サイドベンツが正式な形である。サイドベンツはサーベルを吊るすための切り込みで、海軍の軍服だった名残。前合わせは、左右どちらが前という決まりはなかった。

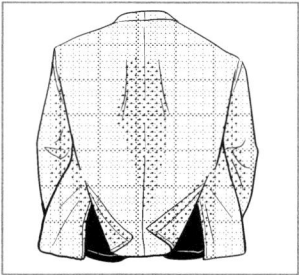

サイドベンツ

フロックコート

フロックコートは、19世紀のドイツの立襟の軍服が原型である。後にイギリスの紳士に広まると、開襟で色の濃いものが登場する。海軍の紺色ダブルのブレザーのもとになったと言われている。

[東ヨーロッパの軽騎兵]

伊達(だて)に着こなすのが彼らの流儀

ハンガリー軽騎兵（ユサール）

①ハンガリー軽騎兵
②通常軍装
③18世紀

　ユサールは、東ヨーロッパで創設された騎兵で、18世紀には各地で機動力を生かした偵察や追撃、強襲(きょうしゅう)を行っていた。ドルマンと呼ばれる上衣とタイトな乗馬ズボン、乗馬ブーツ、ペリースという上着を着用している。ペリースは右肩に渡した紐を襟に縫いつけたボタンでとめて、左肩に固定された。頭にはカルパック帽をかぶり、剣帯、吊り紐、サーベルタッシュ（騎兵用図嚢(ずのう)）、マスケット銃と弾薬入れをつけるベルトを装備している。ユサール連隊は、ドルマン・ペリース・乗馬ズボンにそれぞれ異なる色の生地を使用することによって、他の連隊と区別していた。

時を越えて受け継がれる
馬上の勇姿
ポーランド
槍騎兵（ウーラン）

①ポーランド槍騎兵
②通常軍装
③18世紀

　ポーランド槍騎兵（ウーラン）は、槍やサーベル、小銃を装備し、偵察や歩兵隊列のかく乱を目的とした突撃などを行っていた。彼らがかぶっていた四角形の板がついた帽子は、チャプカと呼ばれる。制服はダブルの立襟で、モールや飾り帯（サッシュ）で派手に着飾っていた。ポーランド人の騎兵隊は、18世紀頃にはプロイセンをはじめ、オーストリアやフランス、ロシアでも編成され各地で活躍していたため、それらの国の騎兵にも模倣された。彼らの着ていたダブルブレストの制服が、世界の騎兵の衣装の標準的スタイルになり、ダブルの背広の原型になった。

［アメリカ独立戦争］
レッド・コートの誇りを胸に、
大陸を駆ける

イギリス陸軍
近衛歩兵

①イギリス陸軍近衛歩兵連隊
②通常軍装
③1775～83年

　アメリカ独立戦争の間、歩兵の多くはフラックと呼ばれる裾が斜めに切り落とされたコートを着ていた。この頃、男性用のジャケットは前を開いて着用するようになったが、閉じて着ることもできた。イギリス軍の歩兵は鮮やかな赤のコートを着ていたため、レッド・コートと呼ばれた。コートの裾は、動きやすいようにボタンで後ろにとめている。折り返しやカフス・帽子の色は連隊によって異なる。多くは三角帽をかぶっていたが、熊の毛皮の帽子をかぶる部隊もあった。山羊皮のナップサックを背負い、胸には紐でマスケット銃の掃除棒とブラシをつけている。

18世紀～W.W.I —軍服黎明期—[イギリス陸軍 近衛騎兵（ライフガード）]　CHAPTER_01

王家の誇りと伝統を
現在に受け継ぐ
イギリス陸軍
近衛騎兵（ライフガード）

①イギリス陸軍近衛騎兵連隊（ライフガーズ）
②通常軍装
③1780年頃

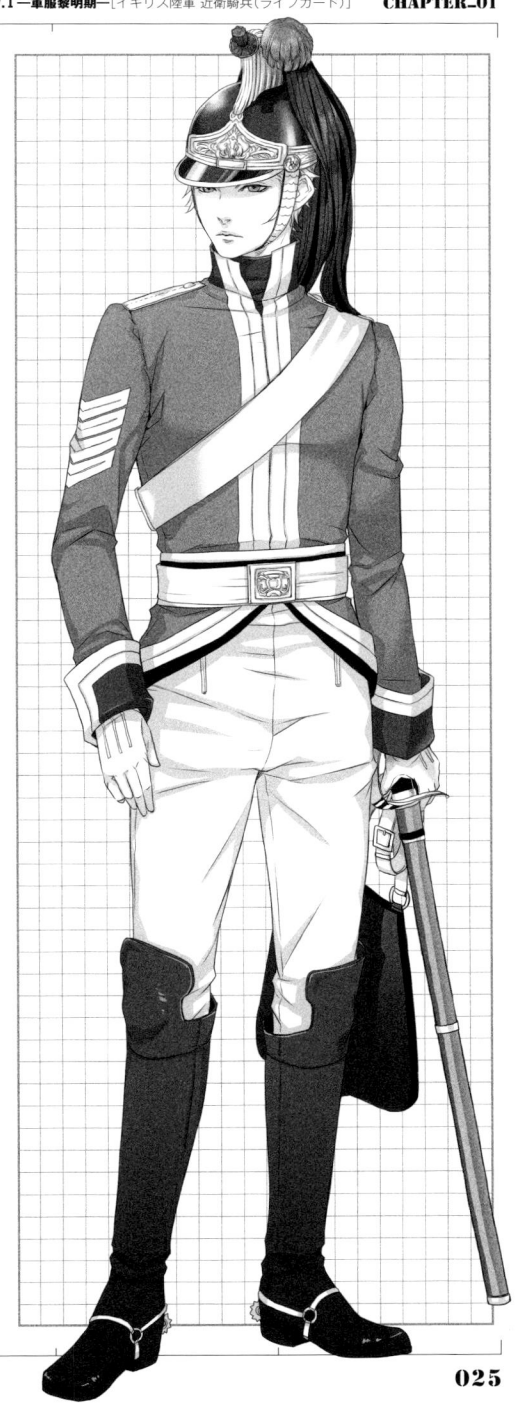

　イギリス近衛騎兵連隊（ライフガーズ）は、1652年に創設された、4つあるイギリス重騎兵の兵科の一部門で、戦列歩兵への突撃を行っていた。上衣は赤で、ヘルメットの羽飾りは白である。立襟の上衣は騎乗しやすいように短く、サッシュを肩に斜め掛けしている。ベルトからサーベルとサーベルタッシュを下げている。騎乗時には鉄の胸甲を装備し、白のキュロットと膝当てのついた乗馬ブーツを着用する。上衣の後ろはサイドベンツで、ベンツの両側にボタンが3つずつつく。現在でも英国陸軍にはライフガーズ連隊が存在し、実戦にも参加している。

025

CHAPTER_01　18世紀〜W.W.I —軍服黎明期—［アメリカ植民地軍 歩兵］

イギリスからの開放を
求めて立ち上がった男達
アメリカ植民地軍 歩兵

①アメリカ植民地軍
②通常軍装
③1775〜83年

　赤のコートのイギリスに対して、独立戦争時のアメリカ歩兵は、赤い折り襟がついた青のフラックを着た。袖の周囲にはボタンがついている。ズボンはレギンスタイプのゲートルを使用。コートの下は白のベストで、首には皮の襟巻きをつけている。歩兵の多くは三角帽をかぶり、同盟であることを示す帽章をつけていた。弾薬入れと銃剣のホルスターのベルトを肩に斜めに掛けている。独立戦争が始まった時は、戦力を各地の民兵に頼っていたため、制服は決まっていなかったが、1775年に正規軍が設立されると制服が支給され装備が整えられた。

清楚なイメージを引き立てる
赤のアクセント

フランス陸軍
近衛歩兵

①フランス陸軍近衛歩兵連隊
②通常軍装
③1775～83年

　アメリカ独立戦争時、フランスはアメリカ側の援助を行うことでイギリスと敵対した。イギリス、フランス、アメリカともに歩兵の服装は似たタイプのフラックだが、各国で違う色を使用しており、フランス軍は白のコートを着用した。全体的に白を基調としたシンプルなデザインだが、袖には赤の袖飾りをつけており、裾の折り返しには赤い花の飾りが刺繍されている。将官は肩に階級を示す肩章をつけた。帽子は二角帽で、近衛兵であることを表す玉房とフランス国章、アメリカとの同盟を示す黒い丸の印をつけている。下半身はキュロットとゲートルを着用した。

［ナポレオンの時代］
ユサールの流れを汲む
勇壮なデザイン

フランス陸軍 軽騎兵

① フランス陸軍軽騎兵連隊
② 通常軍装
③ 19世紀

　ナポレオン戦争期のフランス騎兵の制服は、肋骨のような飾り紐のついた上衣（ドルマン）が表すように、ユサールの影響を色濃く受けたものだった。豪奢な刺繍の施されたシャコー帽は、チンスケールという硬いあご帯で支えられ、さらに繋ぎ紐によって軍服に固定されていた。乗馬ズボンはぴったりとしたハンガリー騎兵式をはいていたが、刺繍の付いた半ズボンを履くこともあった。ドルマン、襟、袖口、乗馬ズボン、飾り紐は、それぞれ色を変えることで所属している連隊を表す。乗馬の際に小物を収納するサーベルタッシュには、連隊番号が刺繍されている。

フランス軽騎兵の装備

サーベル

騎兵は、サーベルを左腰に装備していた。柄頭と鞘は鉄製と銅製のものがあった。将校のサーベルも同じデザインだったが、鞘の一部に豪華な金メッキが施されていた。

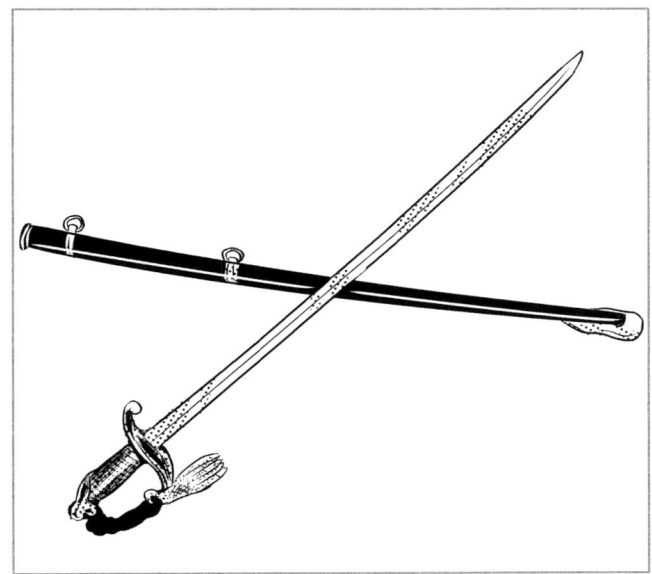

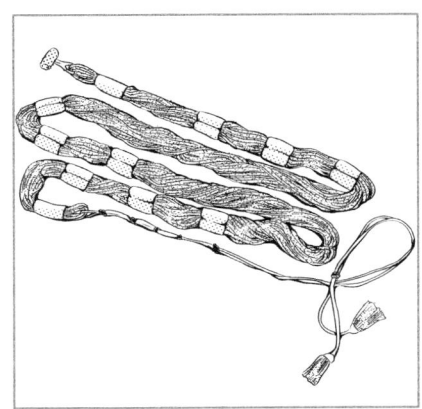

飾帯(しょくたい)

飾帯とは、将校などが身に着けた飾り帯である。細い紐を筒状の布で束ねたもので、腰に2、3回巻き、小さなトグル(とめ具)でとめる。右側で紐を束ねて、房飾りを垂らした。

ブーツ

伝統的な形の乗馬ブーツは、鞍や馬体にフィットするように柔らかくなめした革で作られている。あぶみに足が入りこまないようにヒールがつき、かかとには拍車がついている。

029

CHAPTER_01　18世紀〜W.W.I —軍服黎明期—［フランス陸軍 歩兵］

ナポレオンの
戦果を支えた精兵たち
フランス陸軍 歩兵

①フランス陸軍
②通常軍装
③19世紀

　ナポレオン時代の戦列歩兵は3種類に分けられる。歩兵の大半を占めるフュジリエは、マスケットと銃剣を装備していた。精鋭攻撃部隊の擲弾兵(グルナディエ)は、背が高く容貌が立派な者が選ばれており、マスケットと銃剣の他に、サーベルを装備していた。高い機動力を誇る選抜歩兵(ボルティゲール)は比較的軽装で、サーベルとマスケットを装備した。イラストの歩兵は擲弾兵で、折襟のついた青いコートを着用し、熊の毛皮のカルパック帽をかぶっている。フランス陸軍ではカルパック帽が正式だったが、シャコー帽をかぶる者も多かった。

フランス歩兵の装備

コート

フランス歩兵のコートを横から見た図。折襟と袖は、金色のボタンで装飾されている。裾は、歩きやすいように折り返して、ボタンでとめて使用された。

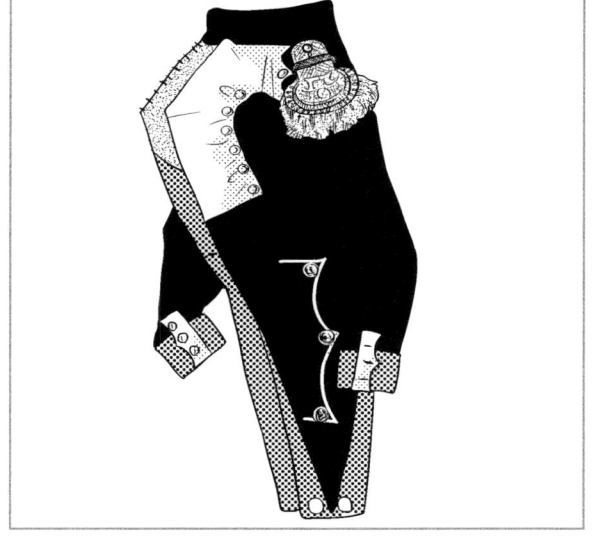

バッグパック

牛皮で作られたパック。白い皮の肩帯とベルトがついており、行軍中に個人の装備を入れておくのに使われた。パックの上に丸めた防寒用のコートがベルトでくくりつけられている。

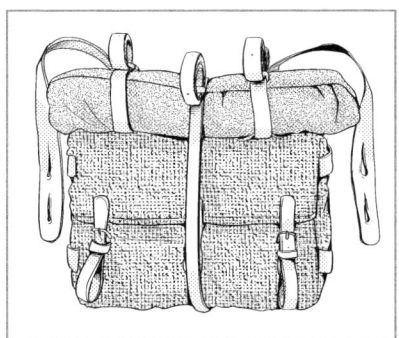

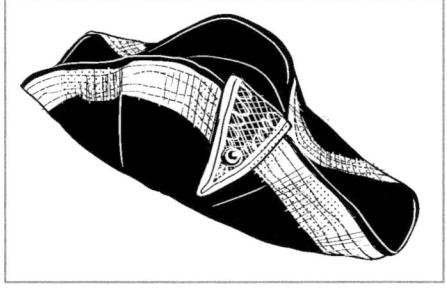

二角帽

三角帽子から派生した帽子で、フランスでは正装時に使用された。金のモール製の帽章は右側につける。重ねた部分を横にしてかぶる場合と、縦にかぶる場合があった。

ゲートル

ゲートルは、靴の上から足の形に合わせて巻く脚絆。キュロット（半ズボン）と靴の上からゲートルを巻き、皮のベルトを靴の下で締めて固定した。

[トラファルガー海戦]

決戦に臨む
名将が愛したコート

イギリス海軍 提督

①イギリス海軍
②正装
③1805年

　イギリス海軍は、トラファルガー海戦（1805年）でフランス・スペイン連合艦隊を破り、ナポレオン戦争に勝利するきっかけを作った。ネルソン提督の肖像画で有名な正装用コートは、1795年から1812年にかけてイギリスの海軍士官が着用していた。正装時は襟の高い白いシャツの上にポケットがついたベストを着て、その上から黒い豪奢なコートを着用する。襟およびすべての縁は金色の刺繍で縁取られ、袖や襟、ポケット、後ろのベンツには金色のボタンが、金モールの肩章には階級を表す星飾りがつく。白いストッキングの上から白い半ズボンをはく。

洗練されたシルエットの
ナポレオン・スタイル
フランス海軍士官

①フランス海軍
②通常軍装
③1805年

　ナポレオン時代のフランス海軍の軍服は、陸軍のものと大きな違いは無かった。燕尾タイプのとコートの下に隠れたズボンはオーバーオールのタイプで、上半身には白いシャツと襟巻きを着用。イラストはダブルの立襟のコートを着ているが、シングルのタイプなどもあった。肩には房飾りがついたエポレットがつき、袖の折り返しには金色の飾りボタンが施されている。また、足には房飾りのついた長い乗馬ブーツを履いており、頭にはフランス軍であることを表す花飾りのついた二角帽をかぶっている。この海戦でフランス軍は敗北し、制海権を失ってしまった。

CHAPTER_01　18世紀～W.W.I ―軍服黎明期―[帝政ロシア海軍 司令官]

[日本海海戦]

凍らない港を求め
極東の海へ赴く

帝政ロシア海軍司令官

①帝政ロシア海軍バルチック艦隊
②通常軍装(夏季)
③1905年

　日本海海戦の時、帝政ロシア海軍の士官達は、立襟(詰襟)の夏服を着用していた。前合わせには、金色のボタンが5つつく。ポケットは無く、勲章・徽章などは左胸につけ、マルタ十字の勲章を受勲したものは、第1ボタンと第2ボタンの間につけるように定められていた。帽子はつばつきの制帽で、暑さを避けるため軍服と同じく白の生地で作られた。ズボンは黒または紺で、黒革の靴を履く。腰には剣吊りベルトと短剣をつけることもある。肩には階級を表す肩章をつけるが、これはソビエト時代にも受け継がれ、社会主義陣営諸国の軍服に影響を与えた。

祖国と伝統を背負う
紺の詰襟
大日本帝國海軍 士官

①大日本帝國海軍
②通常軍服
③1905年

　イラストの立襟の紺の制服は1890年に制定された。上衣は中央を鉤ホックでとめる。冬季は羅紗、夏季はモスリンと、異なる生地を気候によって使い分けた。上衣全体の縁とポケットは、黒のウール地のテープで縁取られている。袖には階級を表す環形の線が入る。後ろはサイドベンツで、通常勤務時には短剣の装着が義務づけられた。礼装時には、フロックコートを着用するが、通常軍服に白手袋で代用する場合もあった。この士官の詰襟の制服は、由来を辿ると、幕末の海軍伝習所まで遡る。日露戦争の勝利にあやかって、海軍ではこの制服が使われ続けた。

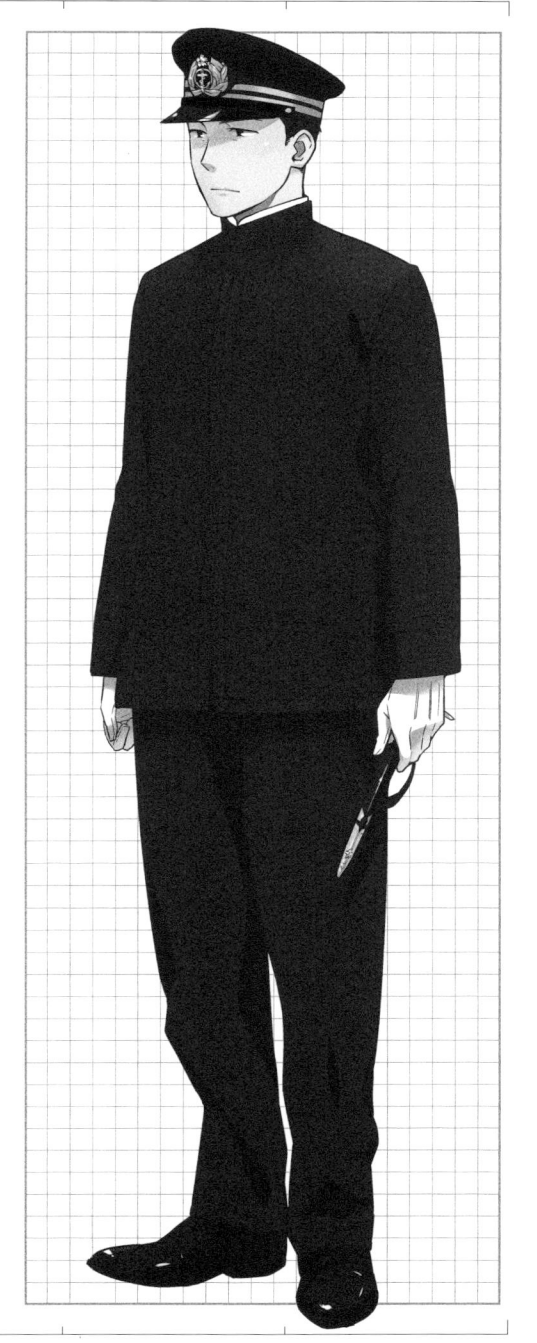

CHAPTER_01 18世紀〜W.W.I —軍服黎明期—[大日本帝國海軍 士官]

長年にわたって受け継がれた伝統の大礼服

大日本帝國海軍 士官

①大日本帝國海軍
②大礼服
③1873年

　大礼服は、新年や天長節、その他の儀式の際に着用する。イギリス海軍に倣って1873年に制定された。イラストは夏季の開襟の燕尾ジャケットを着用しているが、冬季は立襟の燕尾ジャケットに、紺色の金のライン入りのズボンをはく。佐官以上は、金の台座に金モールの房がついた肩章がつく。肩章には桐と桜花、錨と波型線の飾りがつき、房や飾りの数で階級を表す。帽子はビロード張りの礼帽で、将官・佐官・尉官の3通りのデザインがある。腰には剣帯を着用し、剣と短剣を吊るす。佐官用のベルトは、バックルに錨と桐がデザインされている。

大日本帝國海軍　正装時の装身具

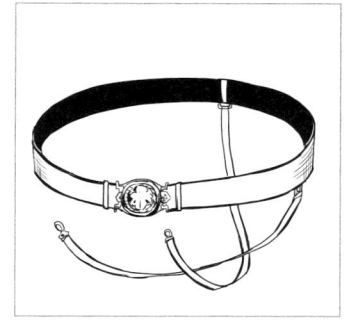

剣帯
腰に剣や短剣を吊るすためのベルト。階級によってベルトの線の本数と、バックルのデザインが異なる。イラストは佐官用の剣帯で、金色のバックルに丸い葉飾りと桐の模様が掘り込まれている。

飾緒
（しょくちょ）
胸から胸ボタンにかける飾り紐で、大日本帝國陸海軍では、将官は礼装時に金色の将官飾緒を着用した。海軍では「かざりお」と呼び、特定の部隊の副官も飾緒を着用していた。

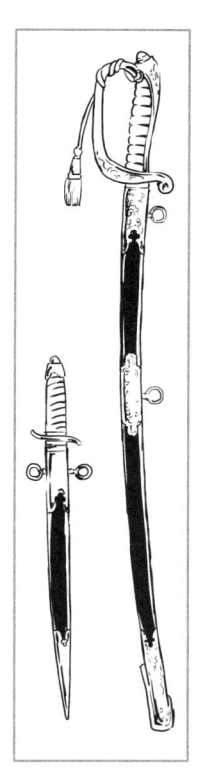

儀礼刀と短剣
礼装・正装時に腰につけるサーベル。腰から剣帯で吊って身につける。細かく改定が行われ、時期により刀身の反りや、短剣の形が異なる。イラストは1883年のもの。

袖章（礼装）

大将 　中将 　少将 　大佐

中佐　少佐　大尉　中尉　少尉

大日本帝國海軍において、礼装時の袖章は1870年に制定された。その後、1871年、1883年、1904年と改正が行われた。本項では、1883年に改定されたものを紹介する。

037

[第1次世界大戦]
民族の個性と合理性の見事な融合

イギリス陸軍
スコットランド歩兵

①イギリス陸軍スコットランド人部隊
②通常軍装
③1915年

　人類史上初の世界大戦である第1次世界大戦では、多数の国家や植民地の軍隊が参戦した。その戦場では、それぞれの民族の個性を反映した軍服が多く見られた。イギリス軍のスコットランド人部隊は伝統的なキルトを着用しており、キルトの正面には連隊章と房飾りがついたスポーランというポケットをつけていた。スポーランとは「財布」「小物入れ」の意味で、ポケットが無い男性用キルトを着る際に、貴重品などの小物を入れておくために使われた。脛にはゲートルを巻き、足首までのブーツを履く。頭には、厚手のウール製のグレンガリー帽をかぶる。

かつて無い修羅場を生き抜くためのくすんだコート

フランス陸軍 歩兵

①フランス陸軍
②通常軍装
③1915年

　近代以前の軍服は、とにかく「目立つこと」が第一義に置かれ、イギリスは赤、フランスは青というように、各国のシンボルカラーの鮮やかな軍服を使用していた。しかし、戦闘が近代化すると、服装に合理性が求められるようになり、多くの軍隊で目立たない色の通常軍服を使用するようになった。フランス軍は青のコートに赤いズボンという派手な色の組み合わせの軍服を着用していたが、1915年以降は、くすんだ水色のコートに変更されている。ダブルのコートの下に青いズボンと革靴をはき、ゲートルを巻く。前線で戦う歩兵には鉄兜が支給された。

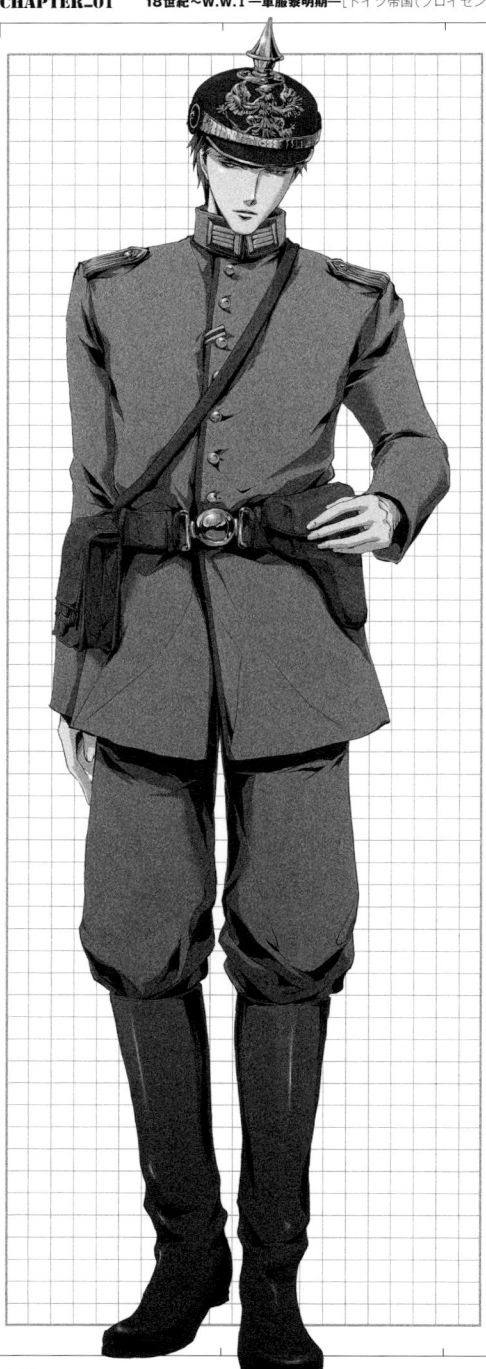

CHAPTER_01　18世紀～W.W.I —軍服黎明期—［ドイツ帝国（プロイセン）陸軍 将校］

近代軍服の歴史は
ここから始まる

ドイツ帝国（プロイセン）陸軍 将校

①ドイツ帝国（プロイセン）陸軍
②通常軍装
③1914年

　第1次世界大戦以前、ドイツ陸軍はヨーロッパ最強と言われていた。ドイツ軍の制服は伝統的に立襟か折襟で、第2次世界大戦中の制服にもこの形が受け継がれた。ドイツに限らず、世界各国で見られるこタイプの軍服は、ハンガリー騎兵の制服が源流であると考えられている。イラストは、シングルの立襟タイプで、糸巻型の襟章と赤いパイピングが特徴的である。両肩には肩章がつく。着丈が長く、高い位置でベルトを締めるのが特徴で、ベルトには革のホルスターや弾薬ポーチをつけることができた。頭には、革製のピッケルハウベと呼ばれる帽子をかぶる。

人類は大空で自由と寒さを知った
イタリア空軍パイロット

①イタリア空軍
②飛行服
③1911年

　イタリア空軍は、ヨーロッパで最も歴史が古く、すでに1911年のイタリア・トルコ戦争では、陸軍の航空隊として実戦で戦果を上げていた。初期は民間の航空機が活躍しており、パイロットは陸軍の制服か自前の飛行服を着用した。第1次世界大戦後に、空軍は陸軍から独立し、イタリア空軍が創設された。ファシスト党政権下で、優れた飛行機が続々と開発され、イタリアの航空技術は世界屈指のものとなった。この頃のイタリア空軍の主力戦闘機である水上戦闘機にはドアや窓が無かったため、パイロットは寒さ対策として革の飛行帽とコートを着用した。

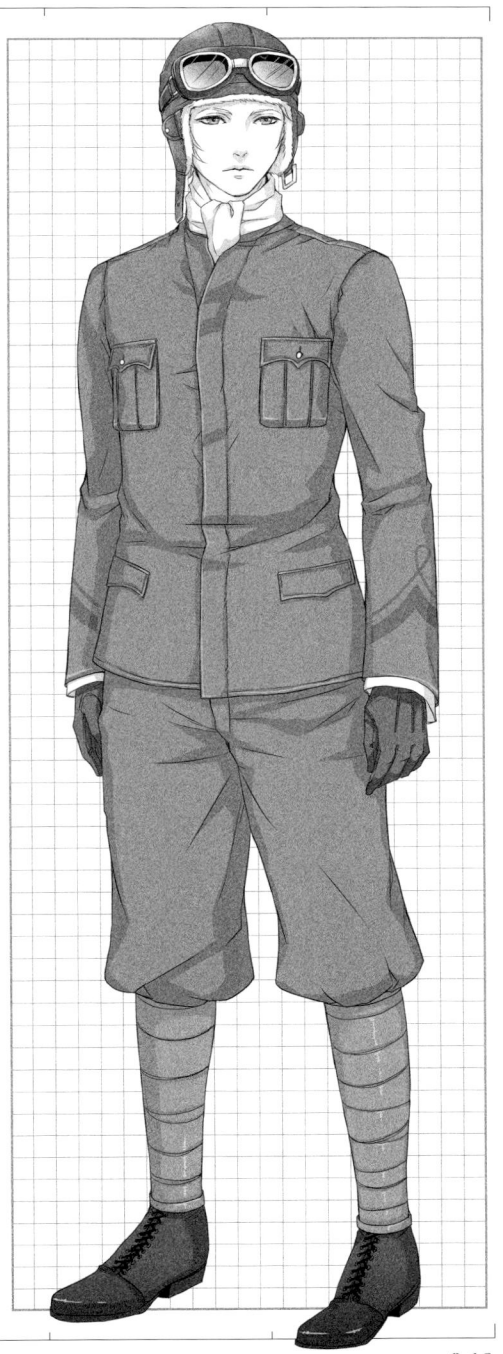

COLUMN　フランス陸軍とイギリス海軍

フランス陸軍とイギリス海軍

　世界の軍隊に影響を与えた軍服のひとつとして、フランス陸軍の立襟の軍服が挙げられる。ナポレオン時代に、フランス陸軍がポーランドやハンガリーに影響を受けた制服を取り入れると、フランス陸軍型の制服がヨーロッパ中に広まった。この立襟軍服は日本の軍隊でも採用され、現在の詰襟学生服の原型になった。

　同じく世界中で流行した軍服として、イギリス海軍発祥のブレザーがある。もともとイギリス海軍の士官用制服は折襟のダブルの燕尾服で、19世紀にフロックコートになった。その後、第1次大戦後に、黒のダブルの短い上衣に変化したが、これはブレザーの原型であり、現在でも多くの国の海軍がこの形の制服を採用している。

アメリカ海軍

フランス騎兵

※イラストは、イギリス海軍のブレザーと同型のアメリカ海軍の制服。

CHAPTER_02
W.W.Ⅱ
―軍服成熟期―

　1939～45年の第２次世界大戦中には、兵器の発達に伴い、各国の軍隊で機能性を重視した軍服が開発された。デザインもより洗練され、軍服の歴史は最盛期を迎える。

●軍服データの読み方
①所属
イラストの軍服を使用していた組織の名称
②種類
状況に応じて使い分けられる軍服の種類
③想定年代
イラストのような軍装が使用されていた時期

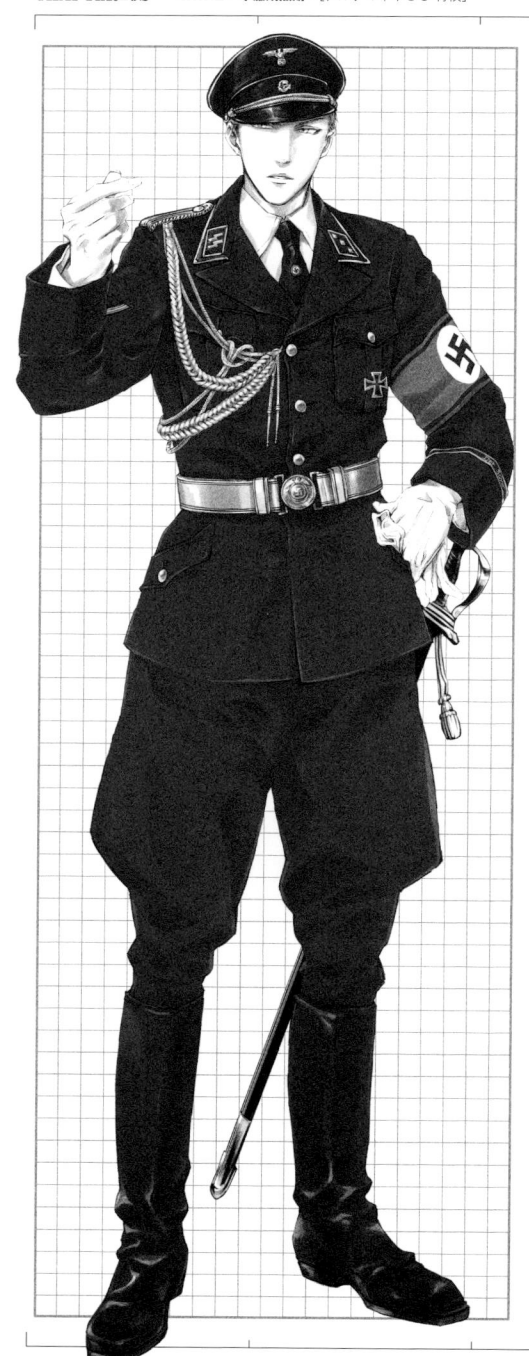

[ナチス親衛隊（SS）]

国家への忠誠を示す
黒の親衛隊

アルゲマイネSS将校

①ナチス親衛隊（SS）
②通常勤務服
③1934年

　アルゲマイネ（一般）SSの黒い通常勤務服は、1934年に規格化され、1930年代の終わりまで使用された。正規SS隊員は制服や徽章、装備品の支給を受けたが、非常勤SS隊員はすべて自費で購入しなければならなかった。右襟に部隊章、左袖には所属部隊を表すカフタイトル、左襟と右肩に階級章をつける。ポケットは4つ、両側面にベルトフックが2つ、後ろに飾りボタンが2つつく。シャツは白かグレーで、ネクタイは黒。飾緒は1937年から使用された。式典時には短剣を着装する。1935年から陸軍に合わせたグレーの制服に移行したため、次第に姿を消した。

SSのヘッドギア

1935年に、グレーの制服に合わせたアースグレーの制帽が採用された。将校と兵・下士官でデザインは同じだったが、将校のものはあご紐がアルミのモールで、下士官は黒の革を使用していた。

制帽(将校)

制帽(下士官)

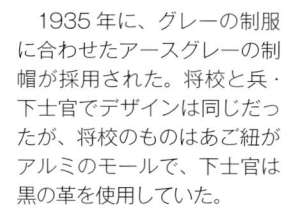

ヘルメット
戦前には黒いものを使用していたが、1935年からフィールドグレーに塗装されて使われるようになった。側面にルーン文字の「SS」か、ハーケンクロイツの国家盾章、正面に髑髏の徽章が入る。

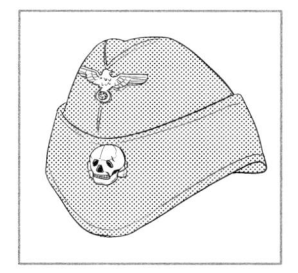

略帽
1935年に採用されたもので、37年にアースグレーからフィールドグレーに色が変更された。将校用の略帽には、折り返しの縁にアルミ色の糸でパイピングが入る。正面に髑髏章と国家徽章をつける。

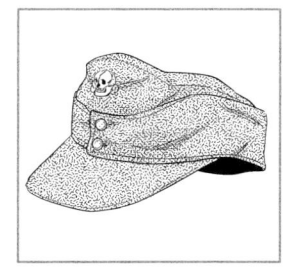

規格帽
主に野戦時に使用された。正面に髑髏章がつく。周囲の折り返し部分を伸ばしてかぶることで耳や後頭部を保護することができる。将校のものには、頭頂部にアルミのパイピングが施される。

勲章

勲章は戦功を上げた軍人に授与された。左がナポレオン戦争時に制定された鉄十字勲章、右が第2次世界大戦時に制定された柏葉騎士十字勲章。

CHAPTER_02　W.W.Ⅱ―軍服成熟期―[武装SS 将校]

フィールドグレーを身にまとい、親衛隊は前線へ

武装SS 将校

①ナチス親衛隊（ＳＳ）
②通常軍装
③1943年

　ナチス親衛隊は、当初は黒い制服を支給していたが、武装部隊である親衛隊特務部隊（ＳＳ-ＶＴ）の規模が拡大すると、陸軍に合わせたグレーの制服を導入した。肩章が両肩につけられるようになり、ハーケンクロイツのアームバンドが廃止された。肩章のパイピングの色は兵科色を表す。陸軍と大きく違う点は国家徽章（鷲章）の位置で、武装ＳＳは左腕、陸軍は右胸に縫いつける。将校はオーダーメイドで制服を仕立てるため、細部はアレンジされることもあった。右襟にルーン文字「ＳＳ」の襟章、左襟に階級章をつける。イラストは、M1943規格帽を着用。

W.W.Ⅱ —軍服成熟期— ［ＳＳ将校の上衣／ＳＳ階級章］　**CHAPTER_02**

SS将校の上衣

1935年に採用されたフィールドグレーの上衣。基本的に折襟だが開襟のタイプもある。両胸と両腰のプリーツが入ったポケットには、波型の蓋がつく。シングルブレストで前ボタンは5つ。上襟には襟章、両肩に肩章がつく。左袖の上部には国家徽章、左袖折り返し部分に、カフタイトルと呼ばれる黒いリボン状の部隊章を巻きつける。

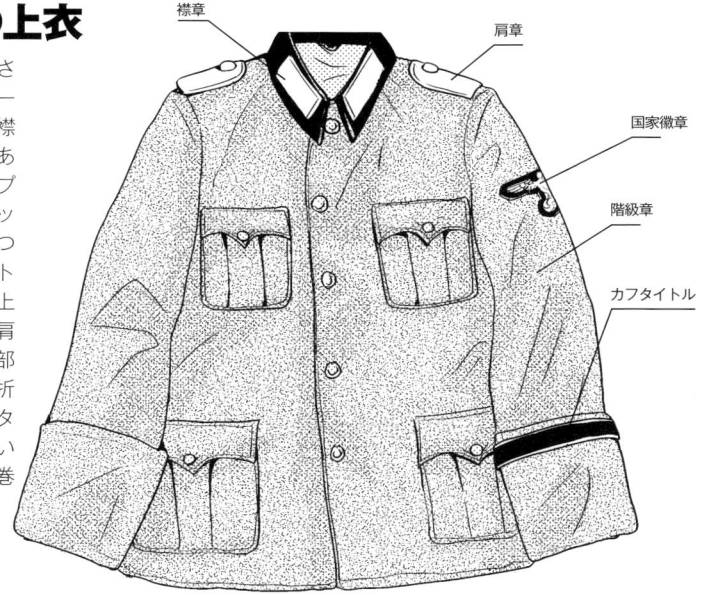

襟章
肩章
国家徽章
階級章
カフタイトル

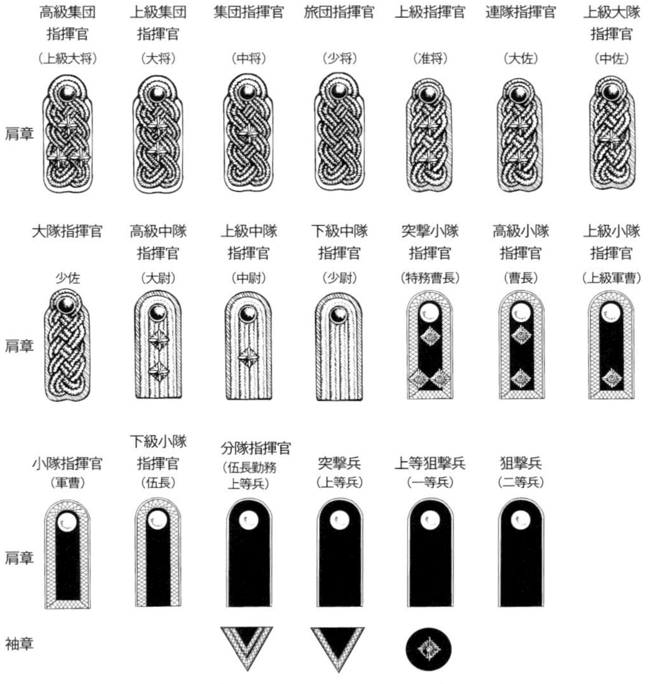

SS階級章

ＳＳの階級は、もともとは突撃隊の制度に基づく部隊編成上の呼称だった。やがて部隊が再編成され、陸軍の階級に沿った階級制度が生まれたが、部隊の呼称はそのまま階級名として残った。本項では陸軍の階級名を並記した。階級章は1937年に陸軍と同じものが採用され、台地のみグレーに変更された。

肩章

| 高級集団指揮官（上級大将） | 上級集団指揮官（大将） | 集団指揮官（中将） | 旅団指揮官（少将） | 上級指揮官（准将） | 連隊指揮官（大佐） | 上級大隊指揮官（中佐） |

| 大隊指揮官（少佐） | 高級中隊指揮官（大尉） | 上級中隊指揮官（中尉） | 下級中隊指揮官（少尉） | 突撃小隊指揮官（特務曹長） | 高級小隊指揮官（曹長） | 上級小隊指揮官（上級軍曹） |

| 小隊指揮官（軍曹） | 下級小隊指揮官（伍長） | 分隊指揮官（伍長勤務上等兵） | 突撃兵（上等兵） | 上等狙撃兵（一等兵） | 狙撃兵（二等兵） |

袖章

047

過酷な戦車内で
戦い抜くためのデザイン
SS機甲部隊
下士官

①SS機甲部隊
②装甲車両搭乗員用制服
③1940年

　ダブルのSS型パンツァージャケットは、SSの戦車搭乗員の代表的な野戦服であり、陸軍のものとは多少デザインが異なる。狭い戦車内でも動きやすいように、全体的にタイトで裾が短い。前合わせは内側の7つの合成樹脂のボタンでとめる。襟章のパイピングは機甲部隊を示すピンクで、右襟にはルーン文字で「SS」と書かれている。左肘に鷲章、左腕の袖の上に袖章を縫いつけている。ウールの略帽は、武装SSと国防軍の下士官に支給された。正面に髑髏章と国家徽章が縫いつけられている。ダークグレーのシャツはコットン製で、ネクタイは黒。

髑髏の名を持つ
SS最強の部隊
第3SS装甲師団
兵卒

①第3SS装甲師団（トーテンコップフ）
②野戦服
③1943年

　第3SS装甲師団は、38ある武装親衛隊の師団のひとつで、「トーテンコップフ」は髑髏を意味する。その名の通り、通常勤務時や野戦時の制服の襟には髑髏の襟章をつける。イラストでは、酷寒から身を守るために、羊毛皮製のオーバーコートを着用。前合わせは4つのボタンでとめる。ズボンは迷彩柄と白のリバーシブルで、ウールの詰め物入り。襟には生成色の毛皮がついており、襟元はホックでとめる。帽子は山岳帽をもとに開発されたM1943型規格帽で、ボタンの数やつばの広さなどにいくつかバリエーションがあった。鷲章は正面か左側面に縫いつけられた。

［その他民兵組織］
市民に恐れられた
褐色シャツの隊員

ナチス突撃隊（SA）将校

①ナチス突撃隊（SA）
②通常勤務服
③1921年

　突撃隊とは、ナチスの準軍事的組織で、1921年に党員を防衛するために結成され、街頭で示威行進などを行った。制服の色から「褐色シャツ隊」とも呼ばれる。襟には階級を表す襟章、ケピ帽には国家徽章がつく。上級将校のケピ帽にはパイピングが施された。右肩には肩章がつく。どの階級でも左袖にハーケンクロイツのアームバンドをつける。1921年の設立当時はカーキ色の制服が使用されていたが、1933以降はブラウンを着用した。通常勤務時は、褐色のシャツ（夏季は白）に茶色のケピ帽、褐色のネクタイにブラウンの乗馬ズボンという服装だった。

ファシスト党に賛同する
黒シャツの義勇兵

イタリア国防義勇軍 (MVSN) 下士官

①イタリア国防義勇軍（MVSN）
②通常勤務服
③1940年

　イタリアでは、1923年に志願制のファシスト国防義勇軍（MVSN）が設立された。陸軍と同じグレーグリーンの平常軍服を使用したが、黒いシャツと黒いネクタイを着用したため、「黒シャツ隊」と呼ばれる。上衣の襟には炎をかたどった黒の襟章と、斧の周りに棒を縛って束ねたデザインのファスケスというファシスト党のシンボルをつける。イラストではパレードや戦闘時用のヘルメットをかぶっているが、通常勤務時は、フェズ帽という、頭頂部に房飾りの付いた円筒形の布の帽子を着用する。ベルトの左側に装着した短剣の鞘には、「M.V.S.N.」の文字が彫られている。

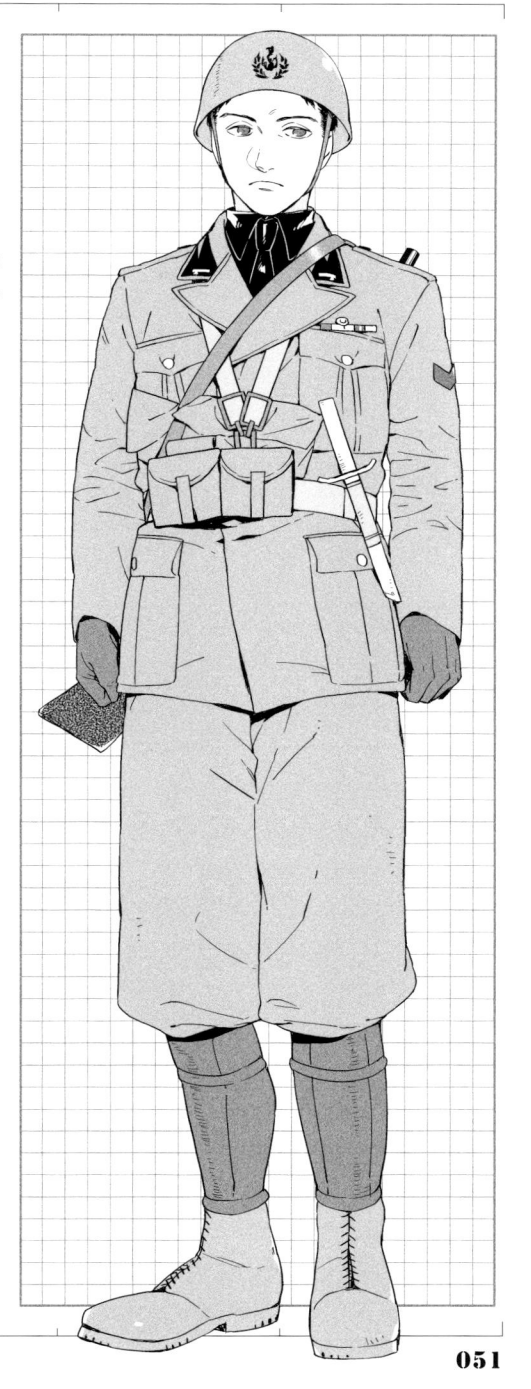

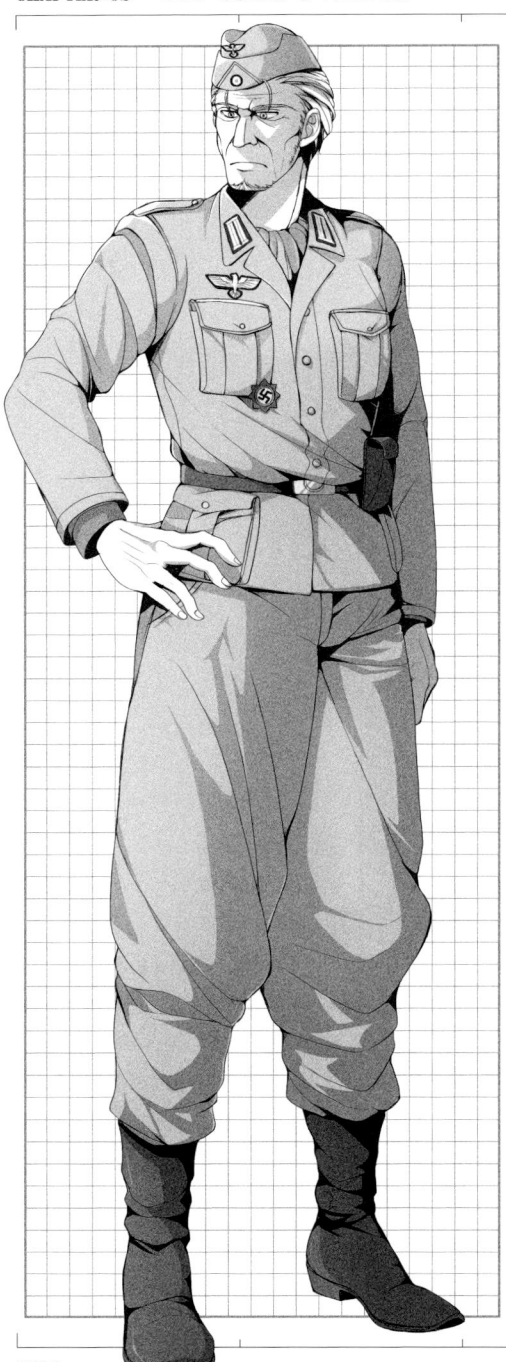

[陸軍]
野戦に適した
フィールドグレーの軍服

ドイツ陸軍
将校

①ドイツ陸軍
②通常軍装
③1942年

　グレーの制服は、通常業務や野戦時の将校の標準的な服装。このM40タイプは、戦況が長引いて物資が不足する中で作られたもので、ダークグリーンの襟が廃止されるなど、デザインに変更が加えられた。ボタンは6つで、胸の鷲章は布地に縫いつけられている。素材は異なるが、下士官の制服もほぼ同じデザイン。勲章は胸ポケットの下側につける。肩章と襟章の色で所属する兵科を表す。帽子は陸軍の略帽で、フィールドグレーのウール製。山形のパイピングの色は兵科色に規定されている。ベルトには革のポケットがついており、銃や弾薬を入れておくことが可能。

洗練されたドイツ軍服は 今なお人気が高い
ドイツ陸軍 下士官

①ドイツ陸軍
②通常軍装
③1939年

　ダークグリーンの襟が特徴のフィールドグレーのM36上衣は、ドイツ陸軍の標準的スタイルである。ドイツ軍は当初は開襟型の制服を採用していたが、後に襟にホックが取りつけられ、襟を閉じられるように変更された。襟と肩章のアルミニウム色のパイピングは、下士官であることを表す。襟章・肩章・国家徽章は将校と同じ位置につけている。ベルトのバックルのデザインは下士官と将校で異なる。ボタンは5つで、ストーングレーのズボンはストレート型である。これはプロイセンの軍服のデザインを取り入れたもので、現代的なアレンジが加えられている。

直線が引き立てる名将の勇姿
ドイツ陸軍 将校

① ドイツ陸軍
② オーバーコート
③ 1940年

　将校のコートはダブルブレストで、通常は開襟で着用する。ウール製のフィールドグレーの布地で、裏地は緑のサテン。襟はダークグリーンだが、後にグレーに変更された。前ボタンはアルミ製で、12個。両袖の折り返しも同じ布でできている。将校・下士官共にコートのデザインは共通だが、将校は下襟が赤で統一された。一部の将校は、左袖に袖章をつける。礼装時には2点吊りの短剣を着装するよう定められていた。肩章はボタンの反対側が肩口に縫いこまれている。将官の中には、個人的な好みで、高級な皮や毛皮で仕立てたコートを着る者もいた。

ドイツ陸軍階級章

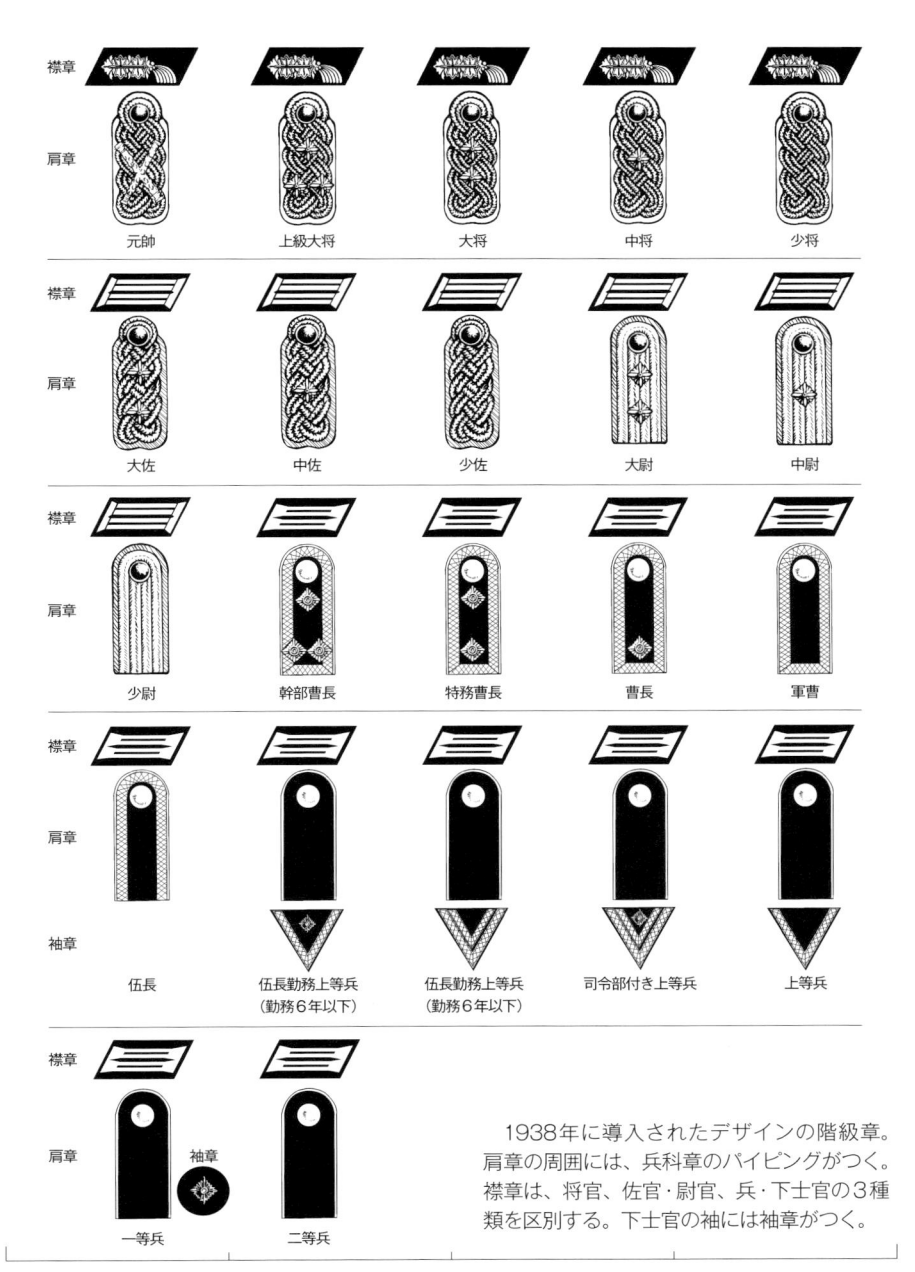

襟章/肩章					
	元帥	上級大将	大将	中将	少将
	大佐	中佐	少佐	大尉	中尉
	少尉	幹部曹長	特務曹長	曹長	軍曹
	伍長	伍長勤務上等兵（勤務6年以下）	伍長勤務上等兵（勤務6年以下）	司令部付き上等兵	上等兵
	一等兵	二等兵			

1938年に導入されたデザインの階級章。肩章の周囲には、兵科章のパイピングがつく。襟章は、将官、佐官・尉官、兵・下士官の3種類を区別する。下士官の袖には袖章がつく。

通常勤務から戦場まで
幅広く使えるコート
大日本帝國陸軍
将校

① 大日本帝國陸軍
② 通常軍装
③ 1930年

　ダブルの四五式将校用外被を着用している。襟には階級を表す襟章がつき、前合わせは左右どちらでもとめられるようになっている。ボタンは10個で、歩きやすいように裾を捲り上げて一番下のボタンにとめられるようになっており、背中部分はボタンで絞ることができる。こうしたコートは、着用しない時には巻いてに背嚢に入れるか、左肩から右脇に掛けるように決められていた。長靴の色は黒か茶の皮製、かかとに拍車がつくこともある。切り口が水平なのが一般将校用、曲線になっているのが騎兵用。帽子は1905年制定のもので、戦時中を通して変化が少なかった。

規律を乱すものに対して容赦はしない
大日本帝國陸軍 憲兵

① 大日本帝國陸軍
② 通常軍装
③ 1938年

　憲兵は、軍隊内での警察活動や治安維持を行う兵科である。騎兵や輜重兵と同じく帯刀・乗馬本分者とみなされ、乗馬長靴や拳銃、軍刀、帯脚絆を支給された。左腕に「憲兵」と書かれた腕章を着用する。海外では現地の人にわかるように、英語圏で「M.P.」、フランス語圏で「GENDARME」と、憲兵を意味する語が併記された。1940年からは旭日章の金属製の襟章をつけた。憲兵用のマントは、股関節から50センチの長さと規定されていた。1930年のものは立襟でボタンが2つ、1938年には折襟でボタンが3つのマントが支給された。雨天時にはフードを使用する。

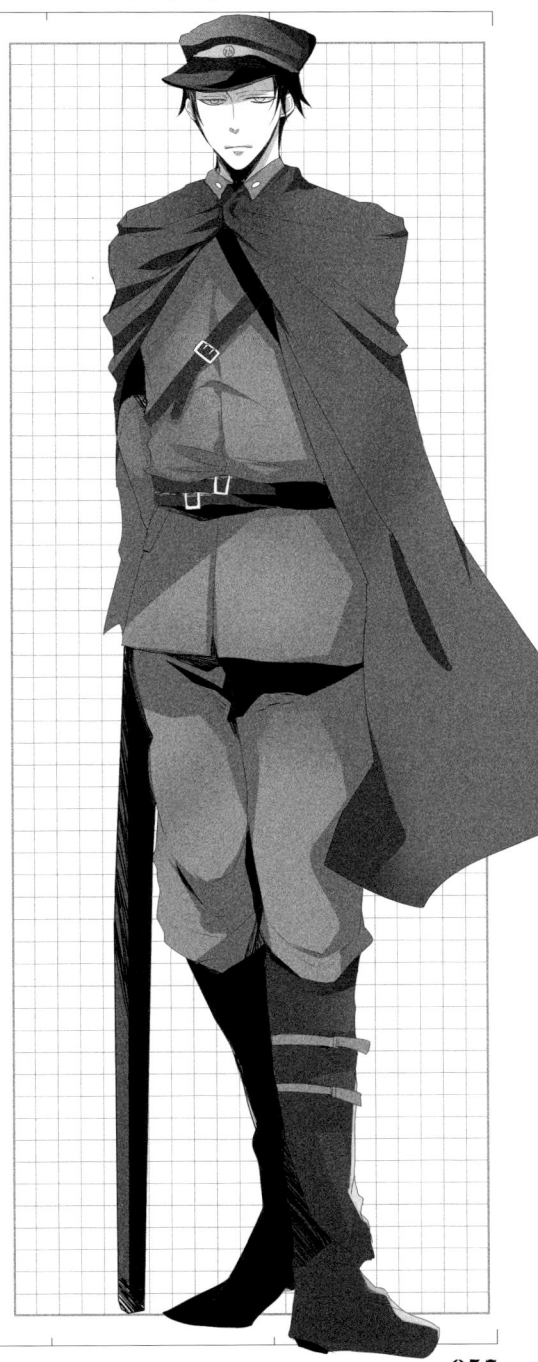

祖国を守るために、
戦地へ赴く

大日本帝國陸軍
兵卒

①大日本帝國陸軍
②通常軍装
③1940年

　大日本帝國陸軍では、第1次世界大戦前からカーキ色の軍服を採用していたが、何度か変更が加えられた。1938年にはそれまでのシングル・ブレストの詰襟から、折り襟の上衣に改められ、階級章は襟につけ、右胸に兵科を表す胸章をつけるようになった。1940年には兵科の胸章は廃止された。胸と腰に蓋のついた切り込み式のポケットがあり、金属製のボタンでとめることができる。上衣はサイドベンツで、左脇裂はボタンで開閉できるようになっている。イラストではヘルメット（鉄帽）をかぶり、垂布をつけている。ズボンにはゲートルを巻き、茶色の半長靴か地下足袋を履いた。

大日本帝國陸軍階級章

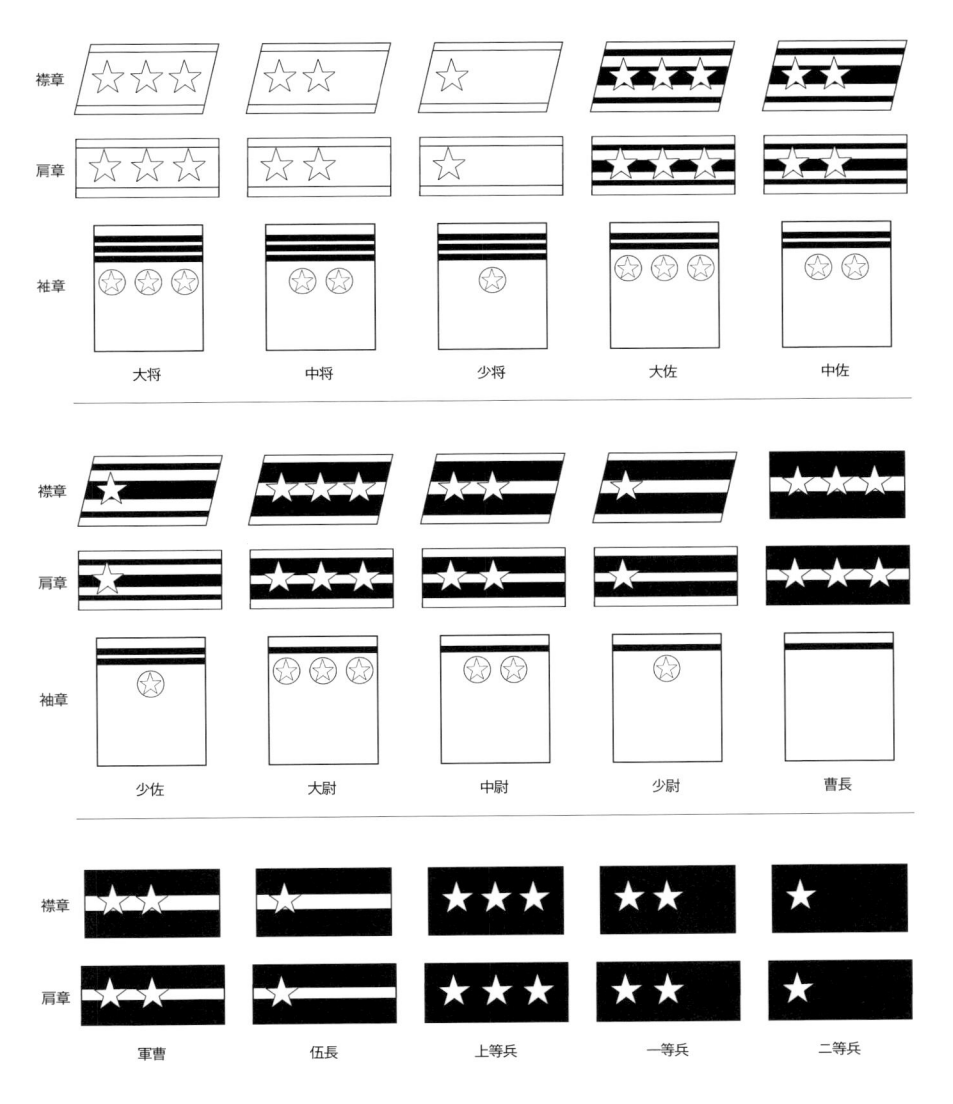

	襟章	肩章	袖章
大将			
中将			
少将			
大佐			
中佐			
少佐			
大尉			
中尉			
少尉			
曹長			
軍曹			
伍長			
上等兵			
一等兵			
二等兵			

陸軍の階級章は、襟章・肩章・袖章・肘章などがあった。本項では肩章と襟章を取り扱う。肩章・襟章とも台地は赤で、階級が上がると金の部分が多くなる。星の数で階級の詳細を表す。

淡い生地で上品に仕立てた グレーの野戦服

イタリア陸軍 将校

①イタリア陸軍
②通常軍装
③1940年

　1940年頃のイタリア陸軍では、開襟型の野戦服を採用していた。将校はツイル地の明るい生地で仕立てた制服を使用していたが、戦況が長引き資源が不足すると、下士官兵と同じ粗いウール製の制服を使用するようになっていった。前合わせのボタンは4つで、胸と腰に蓋付きの縫い付け式ポケットがあり、襟と袖に階級章をつける。将校は黒のラインと兵科色のパイピングが入ったギャバジン地のズボンか、ウールの乗馬ズボンを着用していた。通常は制帽だが、イラストのように刺繍の帽章を縫いつけた略帽をかぶることもある。

W.W.Ⅱ―軍服成熟期―[イタリア陸軍 下士官]　CHAPTER_02

戦地にあっても
ネクタイは緩めない
イタリア陸軍
下士官

①イタリア陸軍
②通常軍装
③1938年

　イタリア陸軍は下士官の制服にシャツとネクタイを採用していた。グレーグリーンのM33型開襟野戦服はウール製で、前合わせは3つのボタンで閉じる。両胸・両腰の4箇所に箱型プリーツのついた縫いつけ式ポケットがあり、W字型の蓋をボタンで閉じることができるほか、腰の後ろに隠しポケットがついている。1940年までは、襟に兵科色を表すパイピングが施されていた。ズボンは膝下までの長さで、ゲートルを巻く方式が一般的だった。騎兵や車両兵は、ウールの乗馬型ズボンを着用したが、これは第2次世界大戦後期になると、歩兵にも支給されるようになった。

061

元は塹壕の中を生き延びる
ための装備だった

イギリス陸軍
将校

①イギリス陸軍
②トレンチコート
③1940年代

　現在老若男女に親しまれているトレンチコートは、第1次世界大戦時の英国陸軍の野戦用コートとして登場した。第1次世界大戦の戦場のひとつである、真冬のクリミア半島は非常に寒く、英国兵士達は厳しい塹壕戦を強いられた。そこでアクアスキュータム社製の防水コートが支給され、効果を発揮した。アクアスキュータム社が防水加工のウール地で仕立てたコートを発売すると、バーバリー社が撥水効果のあるギャバジン地を開発し、それに追随した。「トレンチ」は塹壕という意味で、その後何度も改良が加えられるが、大きく形を変えることは無く現在へ至る。

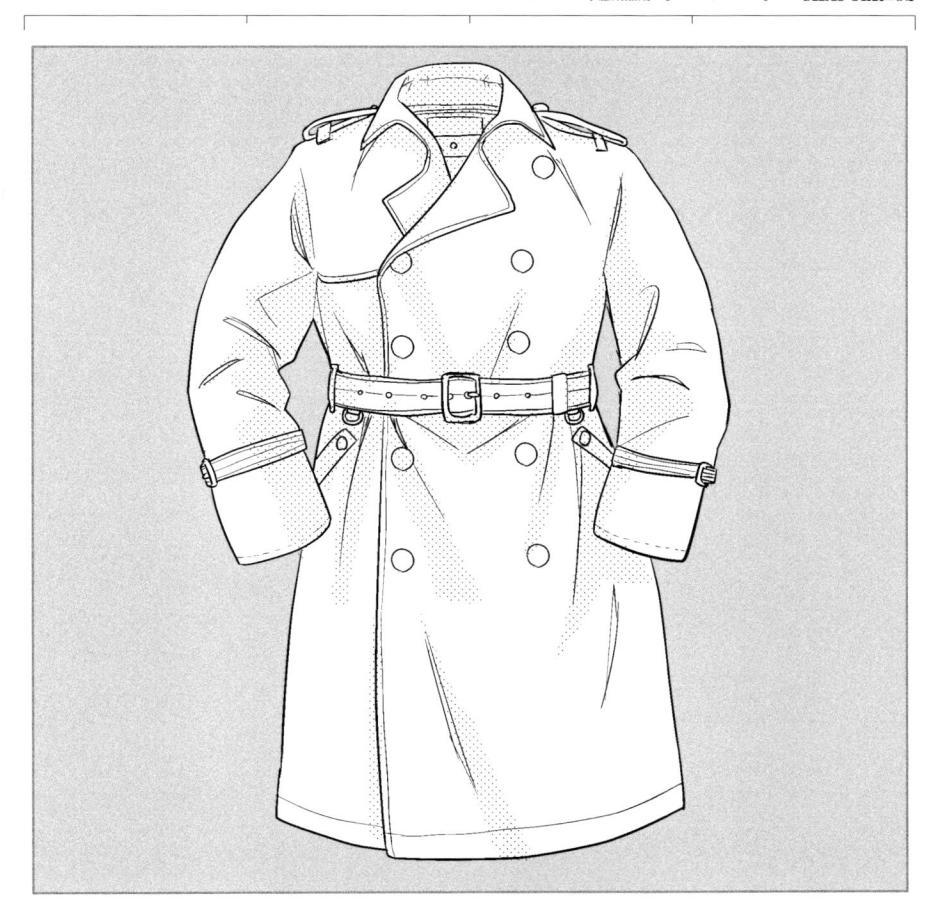

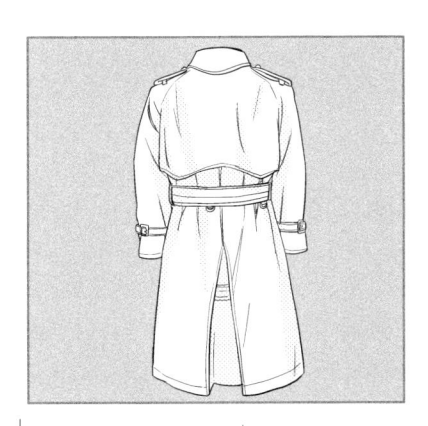

トレンチコート

　第1次世界大戦の頃には現在のものとほぼ同じデザインができあがっていた。前合わせはダブルで、襟を閉じて着ることもできた。両肩にエポレットがついており、右肩には、銃を撃ったときの衝撃を和らげるためのガンフラップがついている。ベルトには、今でもD環と呼ばれる金具がつくことがあるが、これは手榴弾をかけていた名残である。

伝統のブルーから、現代的なカーキへ
フランス陸軍 将校

①フランス陸軍
②通常軍装
③1940年

　伝統的なホリゾン・ブルーの軍服は1935年に廃止され、カーキ色の軍服に変更された。1938年以降は開襟型のジャケットになったが、イラストのような旧型を着用する将校も多かった。上衣の前合わせは金属のボタンでとめる。将校の制服は、袖章や帽章、帽子の飾りで階級を表した。襟章の色と数字の刺繍、パイピングの色で所属している兵科と部隊番号を表す。胸と腰に蓋つきの縫いつけポケットが4つつき、右ポケットに金属製の部隊章をつける。帽子は、略帽やケピ帽を着用した。イギリス軍の影響を受け、平常でも乗馬ズボンと長靴を履いていた。

大きな襟とボタンが
トレードマーク
フランス陸軍
下士官

①フランス陸軍
②通常軍装
③1940年

　1935年に支給されたカーキ色の上衣は、前合わせがシングルで6つの金属製ボタンがつき、大きな折り襟の襟元からは、シャツとカーキのネクタイがのぞく。下士官以下は胸ポケットは無く、腰に蓋のついたポケットがついた。襟章の色とパイピングで兵科を、襟の数字で部隊番号を表し、左腕上部の徽章は職種を表す。1938年には乗馬ズボンに変わって、ゆったりとしたニッカーボッカー型のズボンが採用された。膝から下にはゲートルを巻いて、革靴を履く。ブルーまたはカーキのケピ帽、もしくはカーキの略帽を着用する。戦闘時にはヘルメットを装備した。

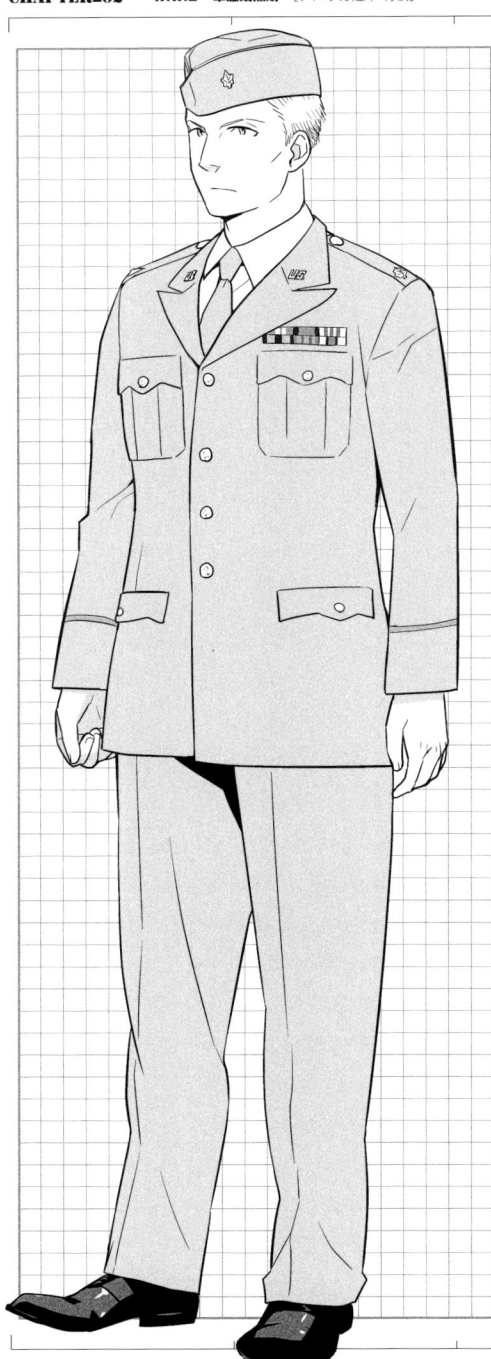

太平洋の熱帯気候に
適応した軍装

アメリカ陸軍 将校

①アメリカ陸軍
②通常軍装（夏季・熱帯用）
③1944年

　太平洋戦域のアメリカ陸軍将校は、1943年からライトカーキの通常軍装を着用するようになった。前合わせは4つのボタンでとめる。将校は、袖口にはオリーブドラブ色のストライプをつけ、上衣の襟には将校であることを表すUS徽章をつける。イラストでは上衣と同色の熱帯用の略帽をかぶっているが、その場合は、左前側に星の階級章をつけることが義務づけられた。将校は略帽に金のパイピングを施した。ポケットは両胸と両腰の4箇所で、波型の蓋がつき、金属のボタンでとめることができる。肩には階級章がつくが、実戦では階級章は取り外された。

戦地の厳しい気候に備えて開発された戦闘服

アメリカ陸軍 下士官

①アメリカ陸軍
②戦闘服
③1942年

　アメリカ陸軍の一般的な歩兵は、オリーブドラブ色のウールのシャツと、M1941フィールドジャケットを着ている。M1941フィールドジャケットは、既製品のウィンドブレーカーを参考に作られたもので、前合わせをジッパーとボタンで二重にとめることができる。丈が短いため防寒の効果は薄かったが、終戦まで使用された。戦闘時には、樹脂と鉄の二重構造が特徴の、M1ヘルメットをかぶる。ズボンはオリーブドラブ色のウール製で、足首に丈夫なキャンバス地のレギンスを巻いている。バックパックのほかに、弾薬ベルトや、ガスマスクのバッグ、水筒などを装備した。

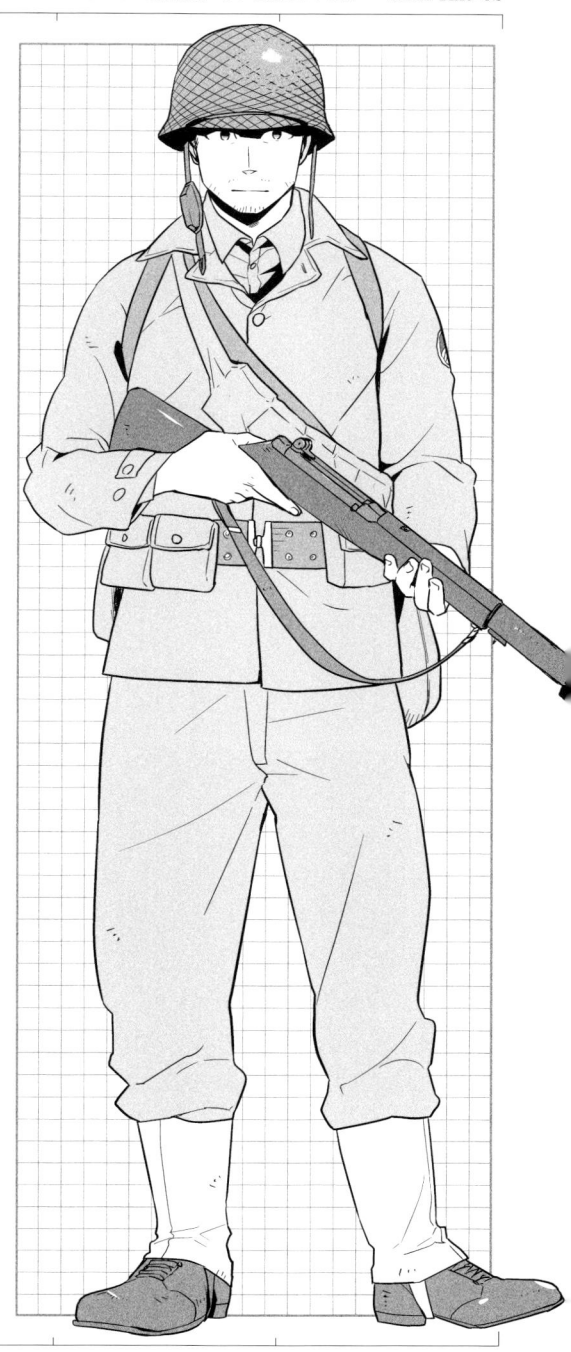

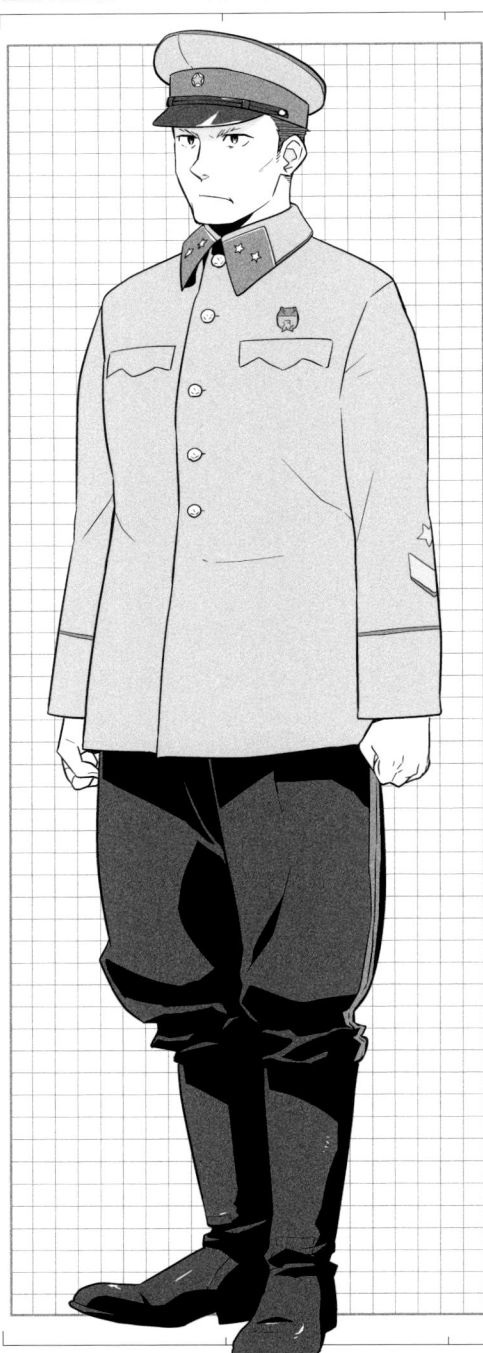

揃いの兵科色で魅せる勇壮な行進
ソビエト連邦陸軍 将校

①ソビエト連邦陸軍
②通常軍装
③1945年

　ソ連陸軍において、ドイツ陸軍の影響を受けて1935年に採用された折襟の上衣は、イギリスの将軍の名前をとって、「フレンチ」と呼ばれる。イラストは1940年に作られたタイプで、カーキ色の上衣には両胸に蓋つきの切り込み式ポケットがつき、前合わせを5つの金属ボタンでとめる。襟や袖のパイピングは、歩兵が赤、空軍はライトブルーというように色で兵科を表す。襟章の台地は兵科色で統一され、金属の星の数で階級を表した。左袖には金色の星章とV字章を縫い付ける。ズボンはカーキ色の乗馬ズボンか、赤のラインが入った紺色のものを着用する。

ソビエト連邦陸軍の装備

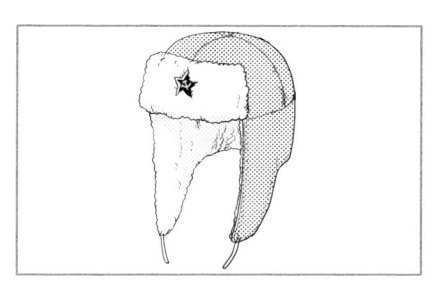

ウシャンカ
戦場以外でも使用された防寒帽。素材には様々な動物の毛皮が使われた。耳あてを上げて頭頂部で紐で縛ってとめたり、下げてあごの下で紐を縛って着用することができた。

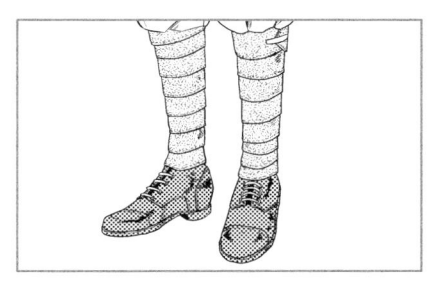

コート
分厚いウール製のコート。粗悪な素材のものが多かったが、防寒面では優れていた。両襟に兵科と階級を表す襟章がつく。襟元と前合わせはフックでとめる。1945年以降は肩章がつく。

アンクルブーツ
革製の編み上げ靴。多くはアメリカ軍からの供与品である。くるぶしまでの長さで、ゲートルと組み合わせて使う。帯状のゲートルは、足首から膝に向かって巻きつける。

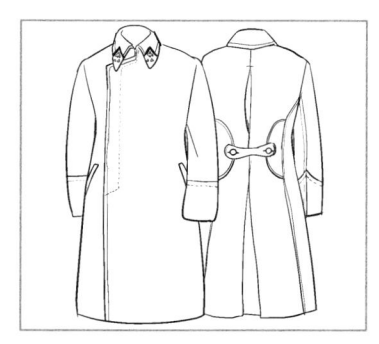

ブーツ
革製のブーツ。保温性を高めるために、冬場は足との隙間に藁を詰めて着用した。第2次世界大戦中、ソ連軍は物資の補給に悩まされており、この形の革のブーツは特に不足していた。

ワレンキ
厚手のフェルト製の防寒ブーツ。継ぎ目が無く、雪の中を歩くのに適していた。靴の上から履くこともできたが、直接履く時は、素足に厚い布を何重にも巻きつけてから着用する。

丈夫さを重視した無骨な装備
ソビエト連邦陸軍兵卒

①ソビエト連邦陸軍 狙撃師団
②オーバーコート
③1941年

　第二次世界大戦時、ソ連の陸軍はヨーロッパでも最大規模を誇るまでに膨れ上がっていた。これだけの数の兵に対して、軍は装備を支給するのが精一杯で、装備を開発する余裕が無かったため、古い型の軍服が使われ続けた。オーバーコートはほかのソ連の軍服と同様、襟章の色とパイピングで兵科を表している。前合わせはダブルブレストで、ボタンでは無くフックで止める。袖の折り返しは斜めにカットされている。腰の左右にはポケットがつく。イラストの帽子はブジョンノフカと呼ばれ、前面に縫い付けられた星のマークと襟章の色で所属する兵科を表す。

アジアの気候に合わせて改良された折襟軍服
中国国民党軍 将校

①中国国民党軍
②通常軍装
③1942年

　中国国民党軍の制服は地方ごとに大きく違いがあったが、第1次世界大戦後から、ドイツ式の折襟の制服が採用された。イラストはカーキ色のコットン製の夏期用の制服を着用しており、冬期にはブルーグレーの厚手の制服を使用した。前身頃はシングルブレストで、ボタンは5個、胸と腰に蓋のついた貼りつけ式のポケットがつく。ズボンは半ズボンもしくは長ズボンで、革か布のゲートルを巻く。両襟の襟章で階級を表すが、これは取り外しが可能だった。革の太い腰ベルトに、ショルダーストラップをつけ、国民党の党章のついたカーキの制帽をかぶっている。

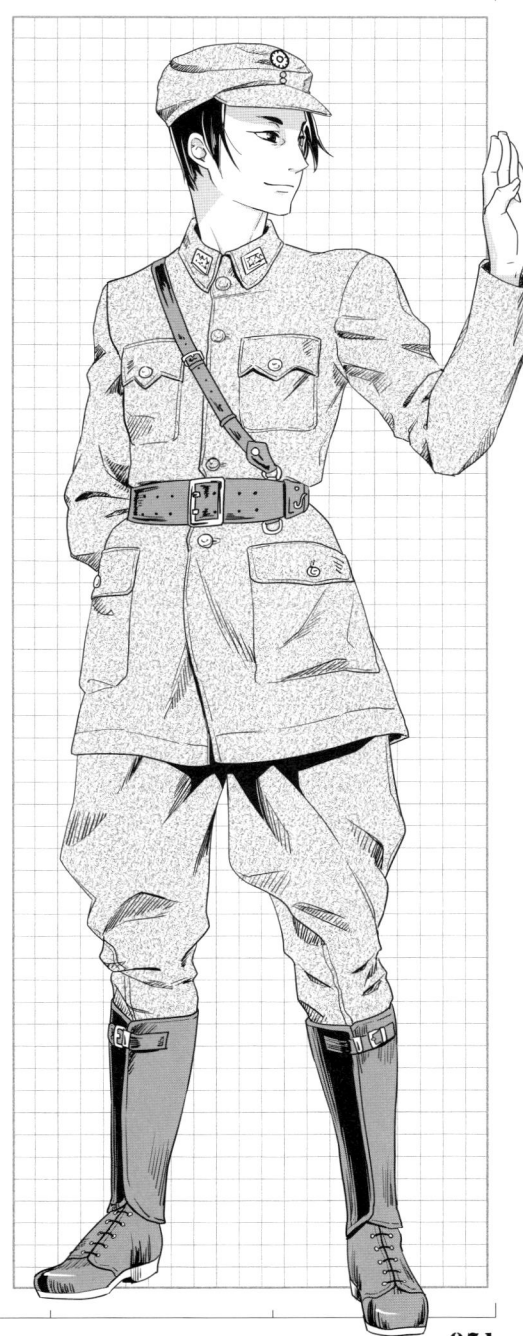

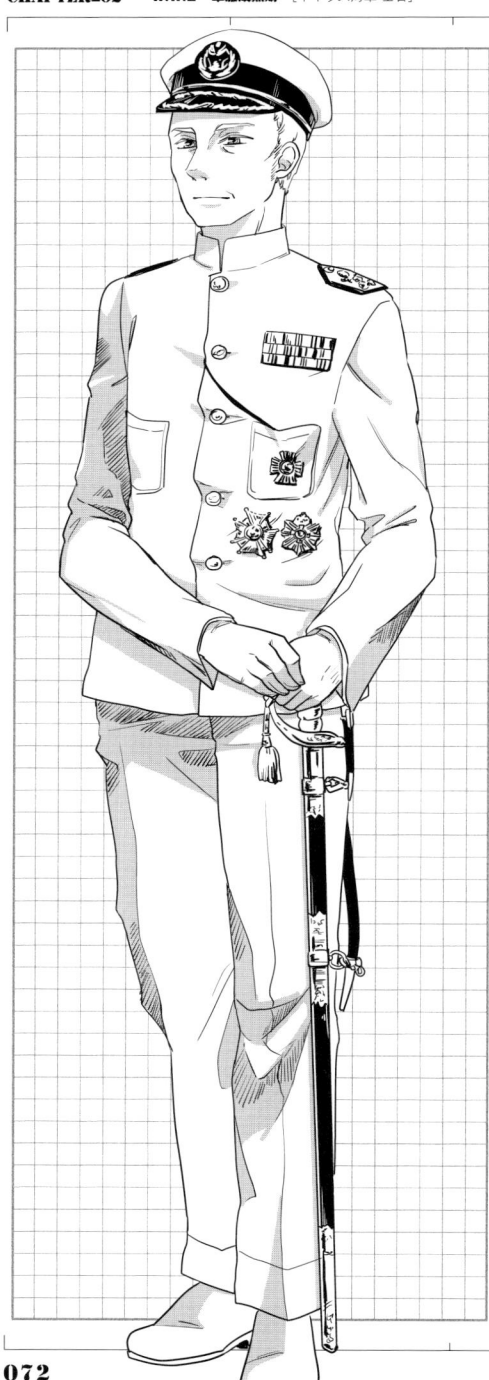

[海軍]
襟を閉めてかっちり着こなす海の男のスタイル
イギリス海軍士官

①イギリス海軍
②通常軍装
③1938年

　日差しの強い熱帯気候下では、各国の海軍で白い制服が着用された。イギリスもその1つで、1938年までこの立襟の白い制服を着用。白い制帽か、白のカバーをかけたブルーの制帽をかぶり、ズボンや手袋、靴も白で統一。胸には蓋の無いポケットがついており、前合わせに金属製のボタンが5つ。裾はサイドベンツで、軍刀を装着した。肩章は、青の台地に階級を表す金のストライプがついており、裏地には黒の革が使用された。1938年に服装規定が改定され、白シャツに白の半ズボンが使われるようになると、この立襟の制服は儀礼の際にしか着られなくなった。

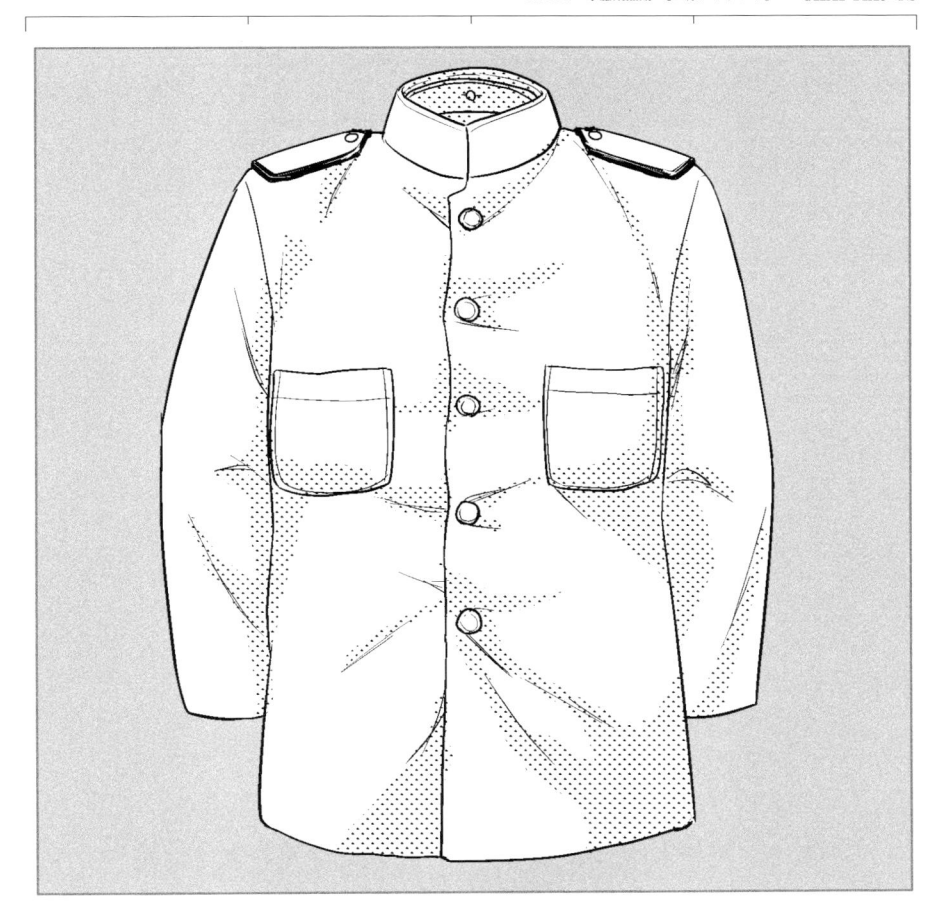

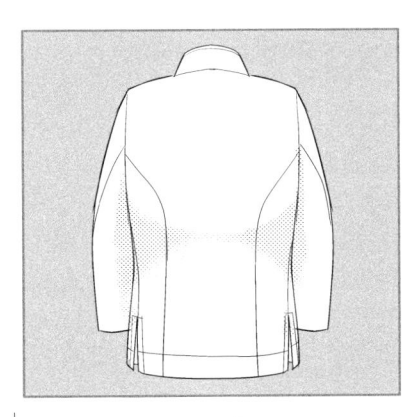

立襟ジャケット

　熱帯地で海軍士官に使用された、白の立襟軍服。素材は麻か綿で、洗濯が可能な素材で作られていた。襟には白のカラーが入っており、襟元はホックでとめる。イギリス海軍では、肩章のサイズは長さ5.25インチ、幅2.25インチと定められている。肩章は制服を洗濯する時に取り外せるように、縫いつけられずにボタンどめされていた。

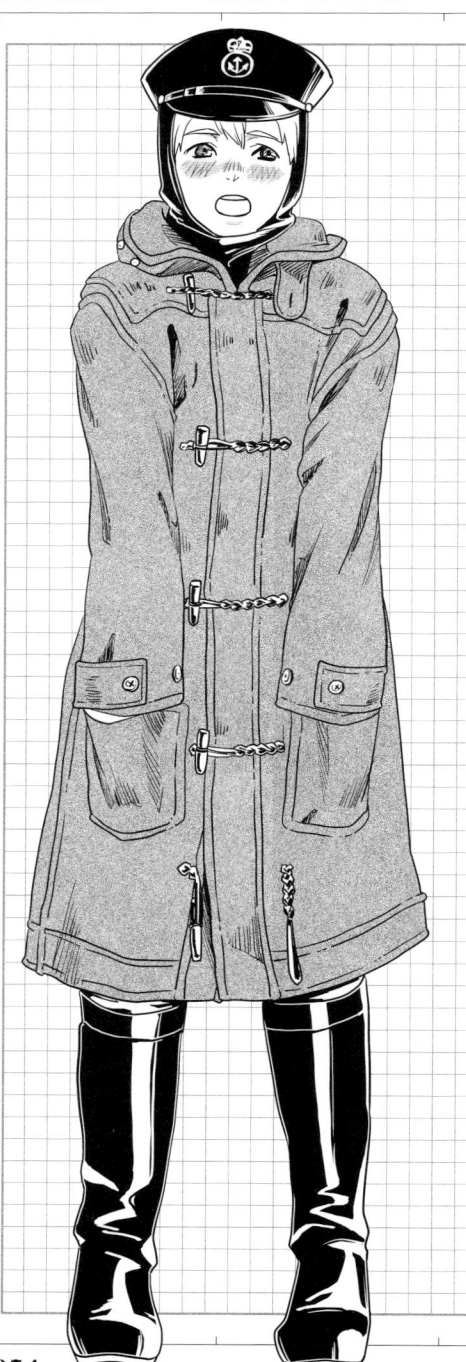

CHAPTER_02　W.W.Ⅱ―軍服成熟期―[イギリス海軍 水兵]

過酷な甲板作業をこなす水兵の装備
イギリス海軍水兵

①イギリス海軍
②ダッフルコート
③1941年

　ダッフルコートは、20世紀初頭にイギリス海軍で使われ始めた。北海の甲板では、防水機能のある防寒着が必要不可欠で、生地が安価で加工がしやすいという理由から様々な型のダッフルコートが作られた。分厚い生地で作られており、裏地は無い。黒や白のものもあったが、キャメルブラウンの色が最も一般的だった。前合わせは木製のトグルとロープでとめるが、その数も3～5つと様々。実際は、防寒着というよりは、軍艦の作業員で使いまわす装備品のような扱いだった。手袋をつけたまま手を入れられるようポケットの口は大きく作られており、蓋もつかない。

ダッフルコート

　ダッフルコートは、ジャケットやセーターの上からも着られるように、ゆとりのあるデザインになっている。襟元にチンストラップと呼ばれる布がついており、ボタンでとめて外気が入るのを防ぐ役割がある。フードは、帽子をつけたままでもかぶれるように、大きめに作られている。袖口はカフストラップで風が通らないように絞ることができる。

可愛いコートも
元は海軍のユニフォームだった
イギリス海軍
下士官

①イギリス海軍北方艦隊
②ピーコート
③1944年

　ピーコートは、15世紀に初めて登場したと言われているが、いつ頃からヨーロッパの国々の海軍で水兵に着られるようになったかは不明である。「ピー」は「荒い羊毛の生地」という意味。動きやすいように、丈は短く作られている。襟は開襟だが、下襟を閉じて着用できるように首元にもボタンがついており、時化の海を乗りきるためには欠かせない装備だった。どの風向きにも対応できるように、前合わせは右左どちらが前でもとめられるようになっている。海軍の衣料だった証として、現在でも市販のピーコートのボタンには錨のマークが刻まれている。

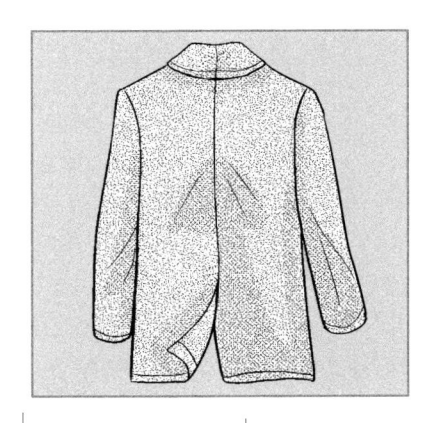

ピーコート

　厚手のメルトンウール製で、多少の雨風は防ぐことができる。初期の型では、胸の下の切り込みポケットと腰の蓋つきのポケットの計4つのポケットがついていたが、現在では蓋つきポケットは無くなり、腰の切り込みポケットだけになった。特徴的な大きな上襟は、強風時に立てることで顔の周りをカバーできる。後ろはセンターベント。

海の男の代名詞、その起源は蒸気船の時代まで遡る
イギリス海軍 下士官

①イギリス海軍
②通常軍装
③1940年

　イギリス海軍は、1857年に世界で始めてセーラー服を制度化した。イラストは1940年代のもので、「スクエア・リグ」と呼ばれるこのセーラー服は、世界中の海軍の制服に影響を与えた。右腕に職種章、左腕に階級章をつけ、セーラー服の下には、白いタンクトップを着用する。襟の下には黒のスカーフを巻く。頭にはイギリス軍艦を表す「H.M.S.」の文字の入った水兵帽をかぶる。イギリス水兵の制服は、ズボンが幅広く作られているのが特徴である。胸にかけている白い紐には、折りたたみ式の海軍ナイフがついている。礼装用のセーラー服も支給されていた。

セーラー服

現在まで海軍の制服は、多くの国で共通したデザインを使用している。襟は、襟元と背中側のボタンで取り外して洗濯が可能。前項のイギリス水兵は、襟元を大きく開けているが、寒冷時にはボタンで締めることができる。袖口はボタンでとめる。ソ連やフランスなど多くの国では、インナーとしてボーダー柄のシャツが使用された。

過酷な潜航に挑む
深海の野戦服
ドイツ海軍
Uボートクルー

①ドイツ海軍
②作業服
③1940年

　ドイツ海軍の潜水艦・Uボートは第2次世界大戦中に1000隻以上が建造され、世界各地で戦果を上げた。イラストは1940年に支給されたコットン製の制服で、イギリス陸軍の野戦服がモデル。この型の作業服は、将校も下士官も同じものを着用した。前合わせは5つの樹脂製のボタンでとめる。胸にはボタンでとめることができる蓋つきのポケットが2つ、両腰にもポケットがついている。肩には階級章をつけ、ブルーの略帽には各Uボートの徽章をつけた。将校の略帽には、金のパイピングが施される。ウエストのベルトは金属製のバックルでとめる。

紺と白と金のコントラストが鮮やかな海兵スタイル
ドイツ海軍 下士官

①ドイツ海軍
②通常軍装
③1939年

　イラストの上衣は1940年まで使用された。生地の色はネイビーブルー。左右の身頃には金のボタンが並び、袖にも同じボタンが5つ縫いつけられている。袖口の金のラインは階級を表す。セーラー服の襟の白いラインは3本。タイは黒で、固結びにして白の紐で結ぶ。ズボンは上衣と同じネイビー・ブルーで、ゴム底の革靴を履く。帽子は夏期用で、将校も同じものをかぶる。国家鷲章と円形章、艦名（開戦後は「ドイツ海軍」）の文字が入る。ドイツ海軍の通常軍装にはこれ以外にも白の熱帯用の制服と、陸上用のフィールドグレーの3種類の制服があった。

鮮やかなブルーの襟は
国家の誇りを表す

ドイツ海軍
司令官

①ドイツ海軍 バルト海艦隊
②将官用オーバーコート
③1940年

　ドイツ海軍の将校は、ダブルブレストの海軍用オーバーコートを着用する。将官のみ下襟の裏地がコーンフラワー・ブルーで、イラストのように折り返して着用することができた。前合わせは2列の金のボタンでとめる。背面にはハーフベルトがつき、金属のボタンでとめる。肩には階級章がつき、両腰には蓋つきのポケットが斜めについている。下士官以上は、イラストと同型の制帽を着用した。国家鷲章と円形章をつけるが、将官用の制帽は円形章を囲むオーク葉飾りが2列になっている。つばの飾りは将官が2列のオーク葉、佐官が1列のオーク葉、尉官が波型模様。

ドイツ海軍階級章

肩章

　ドイツ海軍の階級と階級章は、何度か変更が加えられた。本項で扱っているのは、1943年頃の階級制度。ドイツ海軍は陸軍と同じデザインの階級章を使用していたが、陸軍が肩章を変更してからも、同じものを使い続けた。下士官以下はグレー、士官用のものはアルミの糸を使用する。金属製の星は金色で、つける数で階級を表す。台地の色は服装によって異なり、グレーの制服の場合はグレー、カーキ色の熱帯服の場合はカーキ色の台地と、階級章を取り付ける服の色によって使い分ける。下士官の肩章は縁に金色（黄色）のテープが貼られているが、これも熱帯服を着用する場合はブルーに変更された。このモールを編みこんで作られた肩章の起源は、18世紀の騎兵が着ていた上着の飾り紐だと言われている。

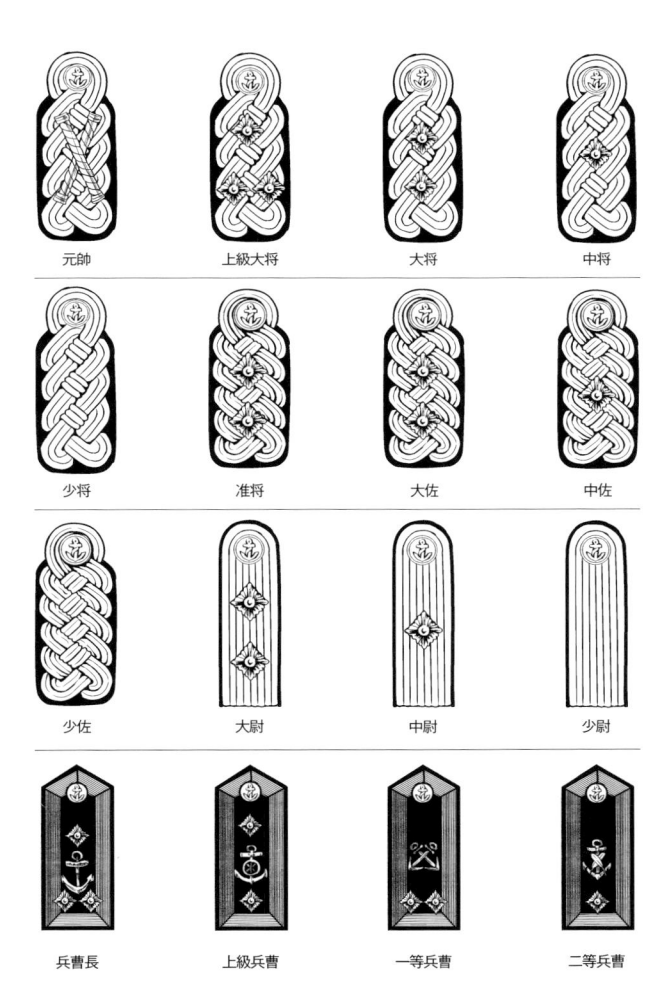

元帥	上級大将	大将	中将
少将	准将	大佐	中佐
少佐	大尉	中尉	少尉
兵曹長	上級兵曹	一等兵曹	二等兵曹

袖章

　兵・下士官は、左袖に階級章を着用する。兵長〜一等水兵は、V字線の本数で階級を表す。冬服の時は台地が青で、夏場は白地に青のものを使用していた。

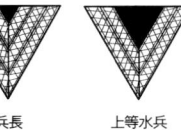

三等兵曹	 四等兵曹	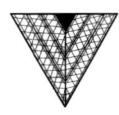 兵長 （4〜5年勤務）	上等水兵	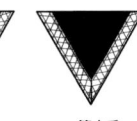 一等水兵

精悍さの引き立つ爽やかな白
大日本帝國海軍 士官

①大日本帝國海軍
②第二種軍装
③1940年

　大日本帝國海軍の士官は、紺の立襟の第一種軍装と、白の立襟の第二種軍装を着用した。イラストの士官は、白い夏期用の第二種軍装を着ている。上衣は立襟のシングルブレストで、前合わせは5つの金のボタン、立襟の襟元はホックでとめる。両側面にベンツがあり、上衣の下につけた剣帯から、短剣を吊るすこともあった。両腰に切り込み式ポケットがついている。肩につける階級章は幅が広めに作られていた。肩章はコートや陸戦服でも同じものを使用した。帽子はイラストのような制帽と、略帽を使用し、夏期は制帽を白いカバーで覆って着用していた。

見た目にも爽やかな
開襟シャツと半ズボン
大日本帝國海軍 士官

①大日本帝國海軍
②防暑服
③1942年

　熱帯地や寒冷地などにおもむく際には、特殊勤務被服という区分の制服を着用するよう定められていた。イラストは防暑衣と呼ばれる熱帯用の軍服で、襟は開襟で着用する。前合わせのボタンは5つで、胸には蓋とプリーツのついたポケットが2つ。階級章は肩につける。白色の略帽は士官用のもので、黒のラインが入っている。ズボンは白か薄茶色の半ズボンと、第二種軍装の長ズボンがあった。靴下はハイソックスを履く規定だったが、物資の不足で入手が困難になったため、短い靴下を履く者も多かった。士官はこれらの服装を自費でそろえていた。

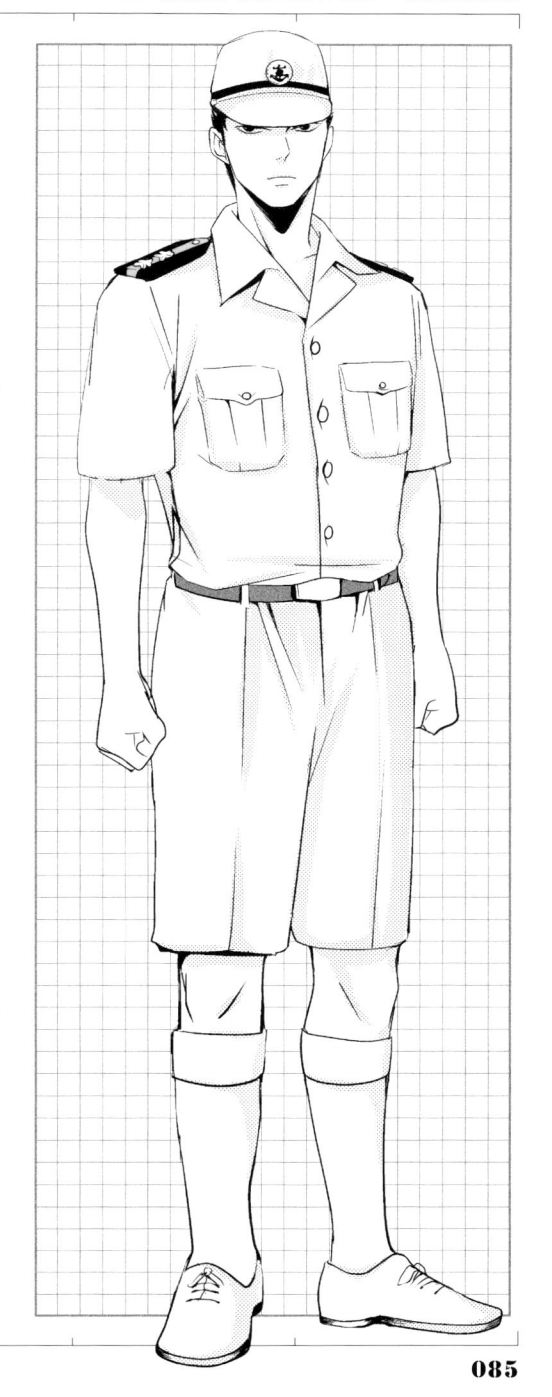

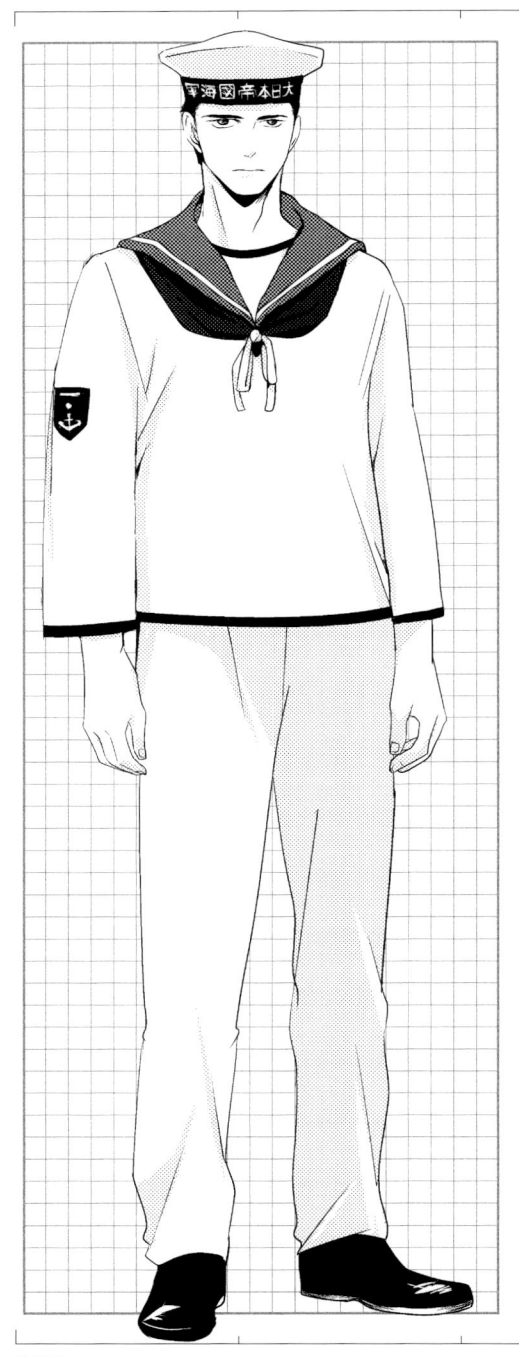

灼熱の甲板作業にも耐えてみせる
大日本帝國海軍 水兵

①大日本帝國海軍
②第二種軍装
③1940年

　イラストは水兵の第二種軍装で、夏期や熱帯地の航行の際に使用された。国内では6月1日から9月30日まで着用する。冬期には、同型の紺の第一種軍装を使用した。右腕には兵科と階級を表す、盾のような官職区別章をつける。黒色のタイは、結んでから白の紐でとめる。上衣の表側にポケットは無く、裏面に隠しポケットがついている。ズボンは白の水兵ズボンで、黒革の半靴を履く。帽子は兵用の略帽か、イラストのような水兵帽を使用する。当初水兵帽のリボンには、所属する艦名や学校名が記されていたが、後に機密保持のために「大日本帝國海軍」に統一された。

大日本帝國海軍階級章

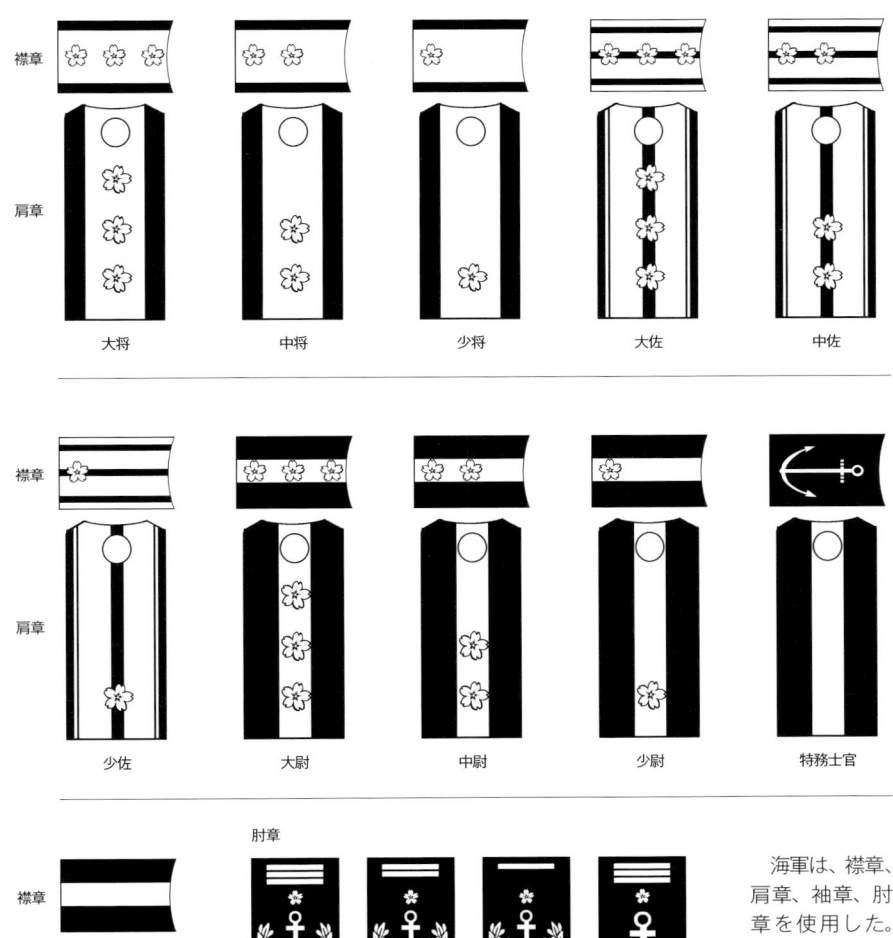

襟章					
肩章	大将	中将	少将	大佐	中佐

襟章					
肩章	少佐	大尉	中尉	少尉	特務士官

襟章／肩章／肘章

	兵曹長	上等兵曹	一等兵曹	二等兵曹	兵長
		上等水兵	一等水兵	二等水兵	

海軍は、襟章、肩章、袖章、肘章を使用した。肩章は肩側が波型に切り取られた形で、黒地に金のラインが入る。ラインの本数と金属の桜のボタンの数で階級を表す。

ダブルのブレザーの原型になった軍服
イタリア海軍士官

①イタリア海軍
②通常軍装
③1942年

　イラストの士官が着用しているダブルのブレザーは、リーファー・ジャケットと呼ばれ、イタリア海軍では下士官以上が着用した。両腰に四角い蓋のついたポケットがつき、肩と袖に階級章をつけた。肩の階級章はネイビーブルーの布で作られており、佐官のものには金モールの縁取りと王冠、星がつく。前あわせは6つの金属のボタンでとめる。通常は金刺繍の施された制帽を使用するが、航行中には布製の航海帽をかぶることも。このブレザーの軍服は、最初にイギリス海軍が取り入れ、各国の海軍に影響を与えた。現在の海上自衛隊の制服もこの形である。

聖人の名を背負う
イタリア海軍の精鋭部隊
イタリア海軍
水兵

①イタリア海軍サンマルコ歩兵連隊
②通常軍装
③1942年

　イラストは、サン・マルコ海軍歩兵連隊に所属する水兵である。サン・マルコ海軍歩兵連隊は、イタリア海軍の精鋭陸戦部隊で、上陸作戦や降下作戦などをおこなった。基本的な形はセーラー服だが、陸軍の通常軍装に使われているグレーグリーンの生地で作られる。下士官と水兵はこのセーラー服を着用したが、士官は陸軍と同じ形の通常軍装を着用した。肘のV字章で階級を表す。乗馬ズボンとゲートルは、サン・マルコ海軍歩兵連隊の特徴である。袖口には、赤の台地に金の糸でヴェネチアの守護聖人サン・マルコの有翼ライオンを刺繍した徽章をつける。

晴れの舞台にふさわしい海軍の正装

フランス海軍下士官

①フランス海軍大西洋艦隊
②パレード用軍装
③1940年

　フランス海軍の下士官は、式典時などにはダブルブレストのリーファー・ジャケットを着用した。上衣の袖口の金色のストライプで階級を表し、左腕部には金または赤の職種章が入る。腰のベルトには小物入れと、銃剣の鞘をつけている。礼装時にはこのように、歩兵の装備を身につけた。足につけているのはレギンスという革の脚絆で、これも礼装時には欠かせない装備だった。レギンスは脛に合わせてボタンをとめ、裾をベルトで足に固定する。イラストは、白い夏期用のズボンをはき、ダークブルーの制帽を夏期や熱帯地用の白いカバーで覆って着用している。

帽子の赤い飾りが可愛い
純マリンスタイル
フランス海軍
水兵

①フランス海軍
②通常軍装
③1943年

　フランス海軍のセーラー服は襟の一部が白く、襟元からP.079に掲載したようなボーダー柄のシャツがのぞくのが特徴。襟の縁には3本のラインが入っている。夏期には白いセーラー服を着用した。袖の赤いストライプで階級を表す。赤いポンポン飾りのついた帽子は、フランス海軍独特のもので、帽章には「MARITIME NATIONALE」と書かれている。夏期には帽子に白いカバーをつけて使用。幅の広いズボンの上から白いレギンスを着用している。荒天時などにピーコートを着用する場合は、四角い襟をコートから出すことが定められていた。

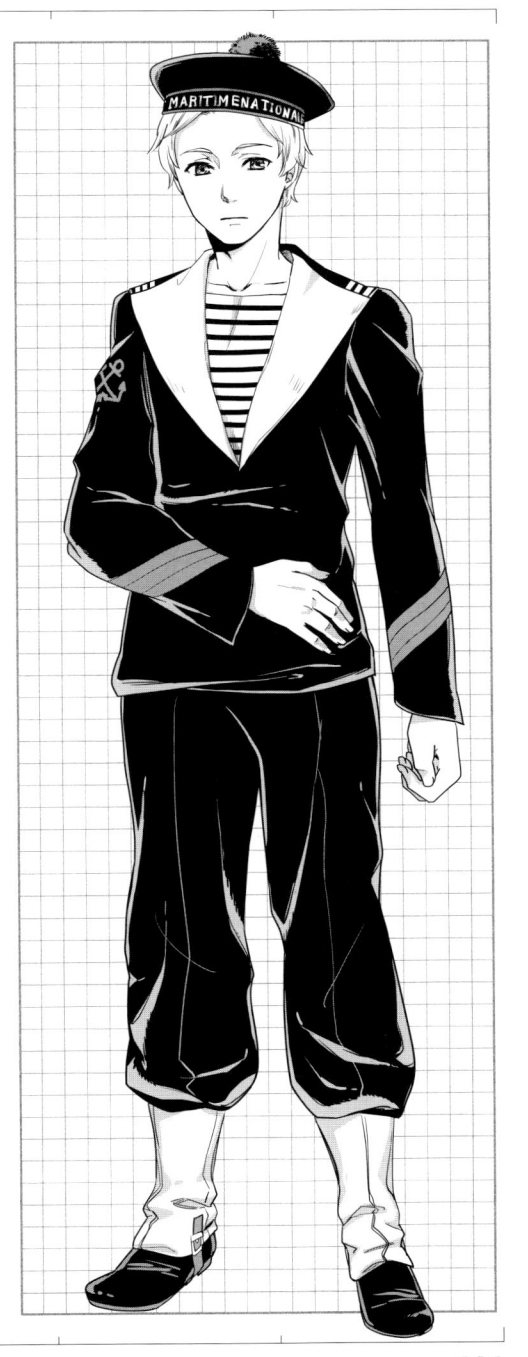

海軍の切り込み隊長
アメリカ海兵隊 下士官

①アメリカ海兵隊
②戦闘服
③1943年

　このセージグリーンの作業着は、海兵隊では「ダンガリー」と呼ばれている。3つの貼りつけポケットがついており、胸のポケットには、「USMC」の文字が、前合わせのボタンには「U.S.MARINE CORPS」の文字が入っている。上衣の下にはライトカーキのシャツを着用したが、生地が厚く熱帯の気候には合わなかったため、評判が悪かった。ヘルメットは迷彩柄で、以降の海兵隊の被服には迷彩柄の生地が多く使われるようになる。腰のベルトには弾薬やナイフ、水筒などの装備品をつける。衣服の下には、首から金属製のドッグ・タグ（認識票）をつける。

海軍と海兵隊

　海兵隊の歴史は古く、初めて創設されたのは16〜17世紀で、ヨーロッパ各国の海軍において、艦隊の接舷戦闘や、上陸作戦を行うための陸戦部隊として組織された。アメリカでは、独立戦争(1775年)の最中に上陸部隊として初めて海兵隊が創隊された。その後、第2次世界大戦、ベトナム戦争を経て、現在では陸・海・空に並ぶ独立した軍隊となっている。アメリカ海兵隊は、世界でも最大規模と言われている。それ以外にも、P.089で紹介したイタリア海軍のサンマルコ海軍歩兵連隊は、90年代に海軍所属の海兵隊に編成されてている。海兵隊の装備は国によって異なり、現在では特殊部隊に近い任務を行う海兵隊も増えている。

イタリア海軍
(サンマルコ歩兵連隊)

アメリカ海兵隊
(ベトナム戦争時)

COLUMN

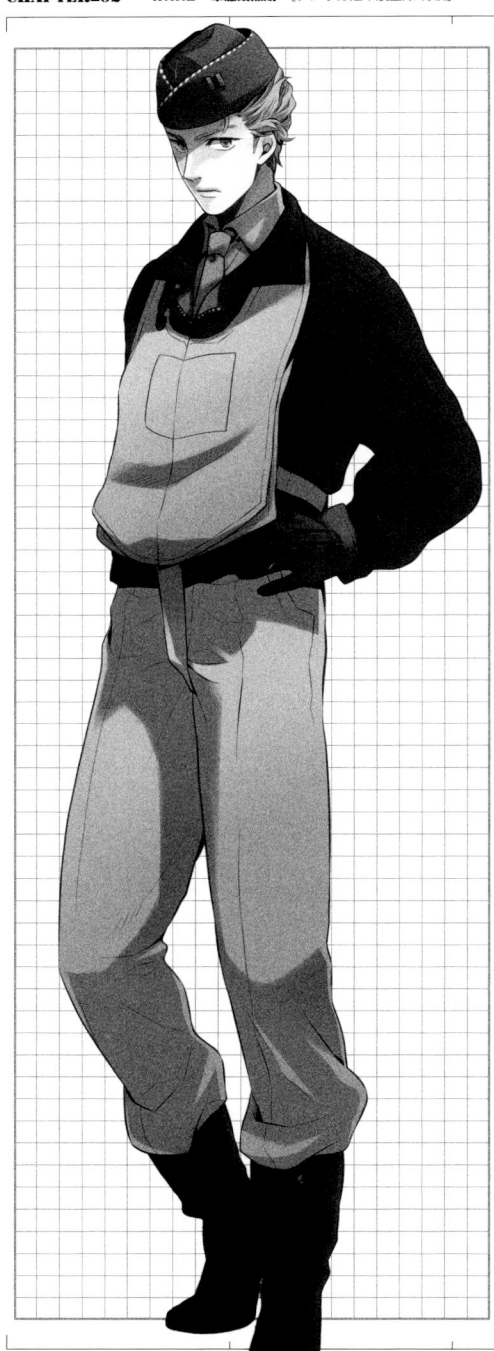

[空軍]
空の男のスタイルは
現代にも受け継がれる

アメリカ陸軍
航空隊 将校

①アメリカ陸軍航空隊
②フライトジャケット
③1944年

　ヨーロッパや北アフリカ戦線において、アメリカ陸軍航空隊のパイロットは、カーキのカバーオールか、革のツーピースの飛行服を着用した。イラストの革製のA-2飛行ジャケットは、当初、夏期の飛行ジャケットとして開発されたが、使い勝手が良いことから、飛行任務時以外でもパイロット達に愛用された。前あきはジッパーで、ニットで密着した袖口は風を通さない構造になっている。襟は折り襟で、両腰に蓋つきのポケットがつく。将校は肩に階級章をつけた。背中には飛行機のノーズアートと同じ絵柄が描かれることが多かった。イラストではB-2救命胴衣を着用している。

フライトジャケット

A－2

　アメリカ陸軍航空隊のシンボルとも言えるジャケット。防水加工を施した馬革で作られた。上空の冷気から身を守るために、飛行服には隙間を作らず密閉性を高めることが求められた。様々な試作品が作られたが、とりわけ人気が高かったのが、このA－2である。1940年までに、およそ20万着が作られた。

MA－1

　A－2が素材不足で生産が中止されると、それに代わって布製の飛行ジャケットが作られるようになった。航空機の性能が上がり、飛行高度が高くなるにつれて、飛行服にもさらに高い機能性が求められるようになった。MA－1はナイロン製で、内側はウールとコットン混紡のライニングを使用している。

陸上勤務時のオーバーコート
ドイツ空軍 将校

①ドイツ空軍
②オーバーコート
③1940年

　ドイツ空軍で使われたコートは、前合わせはダブルで、10個の金属製のボタンでとめる。普段は開襟で使用していたが、閉じて着用することもできた。将官をのぞき、将校と下士官は同じデザインのコートを使用した。下士官のものはウール製だったが、将校の中にはオーダーメイドの革のものを着用する者もいた。両腰に蓋つきのポケットが斜めにつく。アクセサリーの短剣は、パイロットや偵察員、無線士が通常勤務時や外出の時にポケット部分に装着した。腰のベルトにバックルをつけることもあった。袖には大きな折り返しがつく。イラストでは、空軍の制帽をかぶっている。

タイトなラインに隠された機能美
ドイツ空軍下士官

①ドイツ空軍
②飛行ブラウス（フリーガーブルーゼ）
③1940年

「飛行ブラウス」という通称が示すように、飛行服の下に着用するために開発された。襟には所属を表す兵科色と襟章が縫いつけられている。左袖には、航空機の搭乗員であることを示す専門職徽章を付けている。機内の装置に引っかからないように、前合わせは隠しボタンで、胸ポケットもついていない。狭い機内で動きやすいように全体的に丈が短く、体にフィットしたデザインになっている。その機能性から、降下猟兵や野戦部隊など地上部隊にも支給され、空軍全体で使用されるようになった。フォーマルな場面では、上衣の下にシャツとネクタイを着用する。

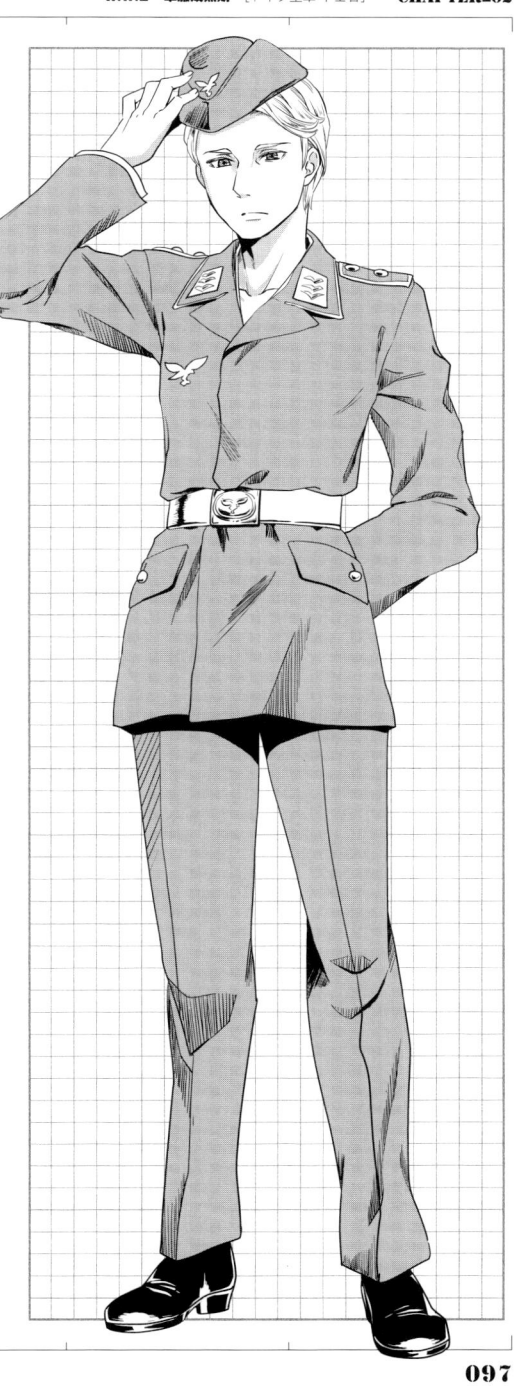

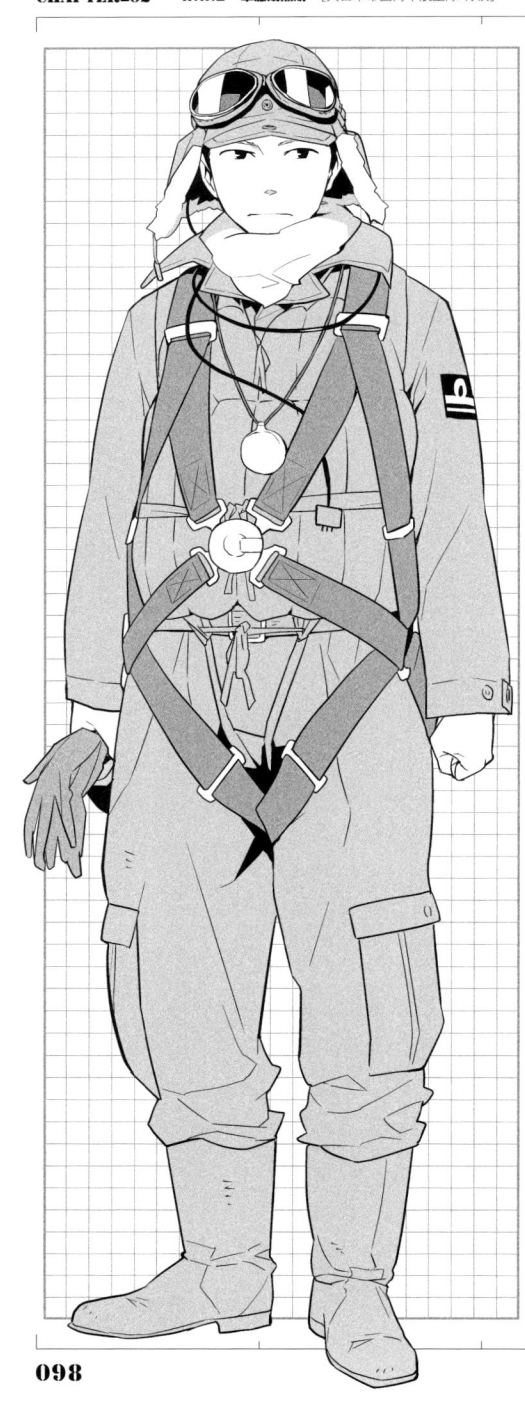

過酷な大空で搭乗員の命を守る飛行服
大日本帝國海軍航空隊 将校

①大日本帝國海軍航空隊
②飛行服
③1941年

大日本帝國海軍が使用した飛行服は、防水ギャバジンと絹糸の混合地で作られていた。襟に兎毛がつくものもある。胸にはピストルホルスターがついていたが、拳銃は支給されなかったため、ほとんど使われなかった。救命胴衣はカポックという植物の繊維の粒が入ったカポック式で、腰のベルトと股吊りで固定し、その上から緑色のハーネスをつける。飛行帽は山羊の革製。冬用の裏地は兎毛で、夏用はアルパカかビロード貼り。手袋は革製で手首のテープでとめることができる。航空半長靴は革製で、底がゴムでできており、冬期は中に子羊の毛皮を貼る。

長時間の任務に適した快適な飛行服
イギリス空軍パイロット

①イギリス空軍
②飛行服
③1943年

　大西洋や北極海上空を長時間飛行する航空機の搭乗員の服装である。12時間以上にも及ぶ任務では、衣服に快適さが求められた。ホワイト・フロックと呼ばれるタートルネックのセーターの上に、ブルーグレーのＶネックセーターを重ね着し、アーヴィン社の羊革製フライトジャケットを着用している。1940年型のスウェードの飛行ブーツは、裏地との間に防弾のため厚手のシルク布地が30層にも重ねて詰められていた。暖かく快適だったが、脱げやすかったため、後で足首にベルトが追加された。頭にかぶった略帽には、金属製の階級章がついている。

COLUMN　ヒトラーユーゲント

ヒトラーユーゲント

　ヒトラーユーゲントとは、ナチス・ドイツ時代に創設された、学校外の青少年教化組織である。

　10歳から18歳までの純粋なドイツ人男子で構成されており、所属する少年は、スポーツを通した鍛錬、軍事訓練、民族主義的な教育を受けた。ナチスは武器や制服に対する少年たちの憧れを利用し、多くの青少年を誘い入れた。そうして集められた少年たちは、ナチスの国家社会主義と人種差別主義の思想を徹底的に植えつけられた。1936年には青少年全員の加入が義務化。戦局の悪化とともに戦場に投入されるようになると、ヒトラー・ユーゲントに加わった数千人の青少年は、その多くが最前線で戦死することとなった。

CHAPTER_03
現代の軍服
―軍服の明日―

　現在の軍服(制服)は、従来の軍服に現代的なアレンジが加えられたものと、伝統的なデザインを受け継いだものが混在している。本章では、主に通常時の軍服(制服)を紹介する。

●軍服データの読み方
①所属
イラストの軍服(制服)を使用している組織の名称
②種類
状況に応じて使い分けられる軍服(制服)の種類
③制定年
イラストの軍服(制服)が制定された年
(P.115、P.116、P.117、P118、P.120、P.121は着用したおおよその時期)

[陸上自衛隊]
濃緑と金ボタンの
コントラストが絶妙

陸上自衛隊
幹部

①陸上自衛隊
②常装（冬服）
③1991年制定

　自衛隊には服装について細かく定めた「服制」という制度がある。通常時に着用する服装は「常装」と呼ばれ、夏服、冬服に区分されている。イラストの冬服は、濃緑色で、シングルのスーツタイプ。袖の折り返しに黒いラインが入る。上衣は前合わせのボタンが4つで、センターベント。両下襟に職種徽章をつける。両胸に蓋つきの貼りつけ型ポケットがつき、金属型のボタンでとめることができる。右胸のポケットの上に名札、各種徽章・防衛記念章は左胸のポケットの上につけ、両肩と左袖上部に階級章、右袖上部に部隊章がつく。ネクタイは濃緑色。

陸上自衛隊・制帽

幹部(3等陸佐以上)用正帽
　正面に金属製の帽章がつく。あご紐は金色の合成樹脂製。ひさしには金色で桜花と桜葉の模様が刺繍されており、俗に「カレーライス」または「スクランブルエッグ」と呼ばれる。

幹部(3等陸尉～1等陸尉、准陸尉)用正帽
　あご紐は金色で、帽子の両側にある金色のボタンでとめられている。准陸尉以上のボタンには、帽章と同じ桜星と桜葉が彫られている。ひさしは革製または合成樹脂製。

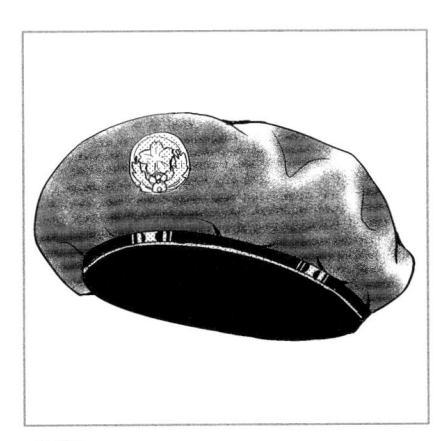

略帽
　緑色のウールフェルト製のベレー帽。向かって右側を立て、帽章をつけて着用する。PKO（国連治安維持活動協力隊）に派遣されているときは、水色のベレーをかぶる。

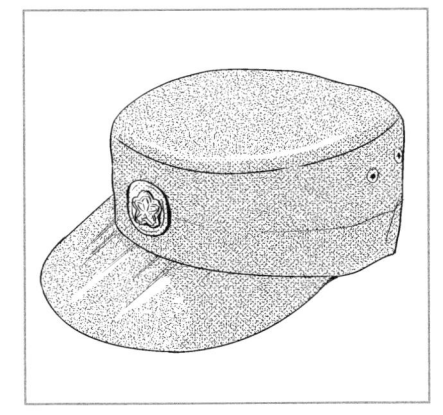

作業帽
　作業服装時に使用する。色はオリーブドラブ。桜花の刺繍が入った円形の帽章を正面につける。帽章は、幹部のものは金の桜花で、曹士以下は桜の輪郭のみが描かれている。

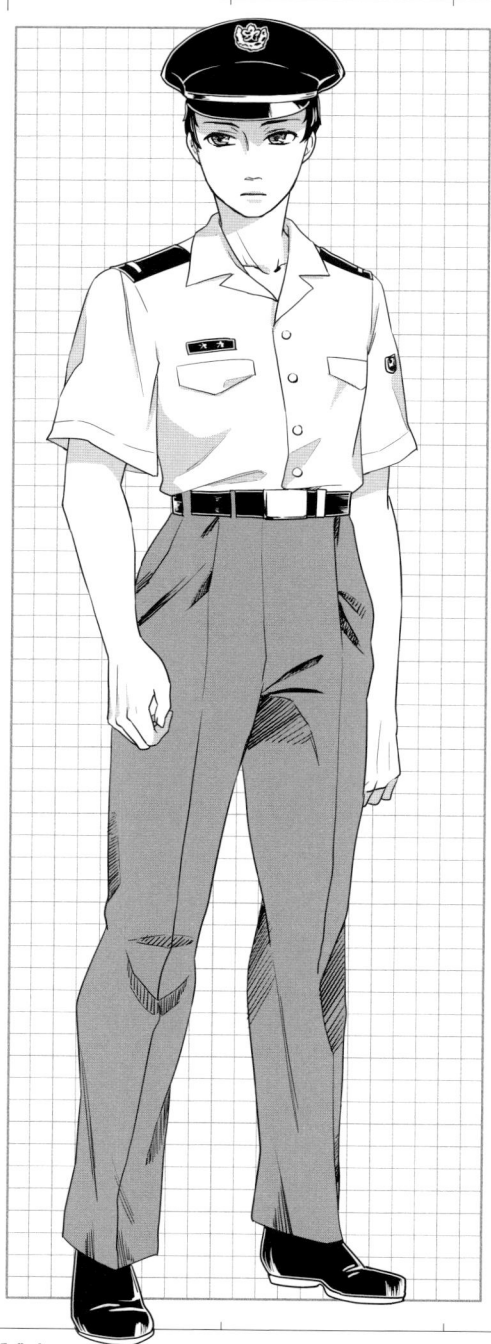

半袖ワイシャツが爽やかな夏服

陸上自衛隊 陸士

①陸上自衛隊
②常装（第3種夏服）
③1991年制定

　陸上自衛隊の常装の夏服には、冬服と同型の第1種夏服と、長袖ワイシャツにネクタイ着用の第2種夏服、半そでワイシャツ型の第3種夏服の3種類が定められている。イラストは第3種夏服。上衣はベージュ色、ズボンは淡緑色で、第1種・第2種夏服とは色が異なる。ワイシャツの襟は開いて着用する。第2種・第3種夏服では、部隊章、職種徽章が省略される。また、階級章は冬服・第1種夏服と異なる乙階級章を使用する。濃緑色の台地に階級が刺繍されたものを、肩章に通して装着する。名札・各種徽章・防衛記念章は、冬服・第1種夏服と同様に、胸ポケットの上に装着する。

陸上自衛隊階級章(乙)

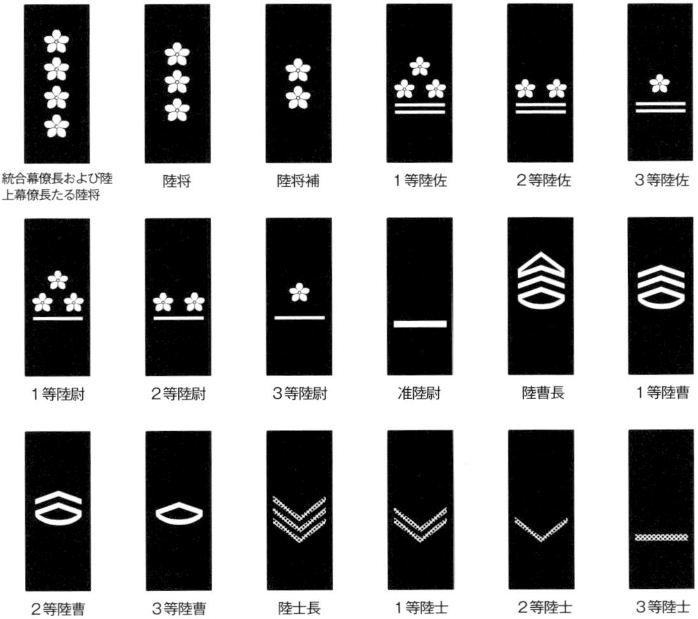

統合幕僚長および陸上幕僚長たる陸将 / 陸将 / 陸将補 / 1等陸佐 / 2等陸佐 / 3等陸佐

1等陸尉 / 2等陸尉 / 3等陸尉 / 准陸尉 / 陸曹長 / 1等陸曹

2等陸曹 / 3等陸曹 / 陸士長 / 1等陸士 / 2等陸士 / 3等陸士

陸上自衛隊の階級章には、「甲階級章」、「乙階級章」、「略章」の3種類の形式がある。台地は濃緑で、金色の桜星章と短冊型章の組み合わせで階級を表す。イラストは「乙階級章」。

職種徽章

陸上自衛隊には15の職種が存在し、金色の職種徽章で所属を表す。

普通科 / 特科(野戦特科) / 特科(高射特科) / 機甲科(左) / 機甲科(右)

情報科 / 施設科 / 航空科 / 通信科 / 武器科 / 必需科

輸送科 / 化学科 / 警務科 / 会計科 / 衛星科 / 音楽科

105

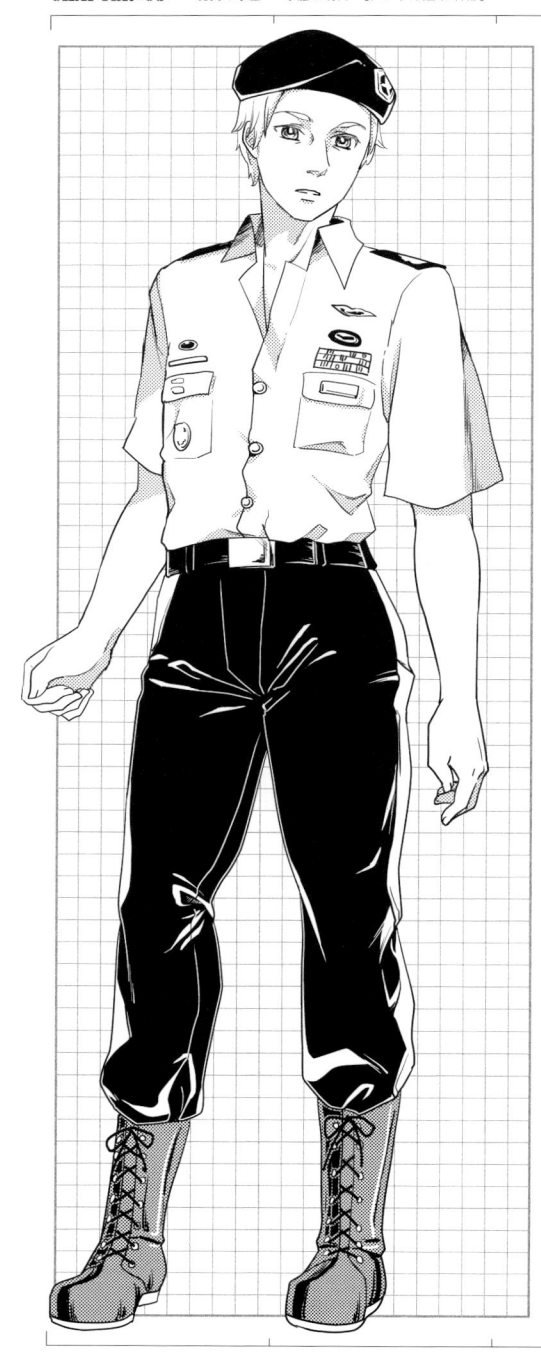

CHAPTER_03 現代の軍服 —軍服の明日—[アメリカ陸軍 幹部]

［アメリカ陸軍］
制服を改め、世界最強の陸軍はさらに飛躍する

アメリカ陸軍 幹部

①アメリカ陸軍
②通常軍装（クラスB）
③2014年導入予定

　アメリカ陸軍の通常勤務時の制服は、サービスユニフォームと呼ばれる。1940年代に制定されたアーミーグリーンと白の制服が使用されていたが、2014年の服装規定の改正で、クラスAとクラスBという2種類の制服を採用する予定。イラストは夏期用のクラスBサービスユニフォーム。開襟シャツ型の制服で、階級によるデザインの違いはほとんどない。クラスBには長袖と半袖の2種類があり、長袖の場合はネクタイを着用する。両胸にポケットがつき、右ポケット上部に名札と部隊章がつく。下士官以上は階級を肩章で表すが、兵士は襟に階級章がつく。

アメリカ陸軍のイメージを変えるアーミーブルー
アメリカ陸軍下士官

①アメリカ陸軍
②通常軍装（クラスＡ）
③2014年導入予定

　アメリカ陸軍のサービスユニフォームの一種、クラスＡユニフォームは、アーミーブルーの上衣に、ブルーのズボン、ワイシャツ、ネクタイで構成される。上衣はシングルのスーツタイプで、４つの金属製のボタンでとめる。下襟に兵科章、肩に階級章がつく。下士官は、右袖に階級を表す袖章、左袖には金の刺繍で精勤章がつく。袖の折り返しには金のパイピングが施される。右胸ポケットの上には、クラスＢ制服と同様に、名札と部隊章をつける。ズボンの側面にはナイロンかレーヨン製の金色のラインが入る。イラストでは、赤の略帽をかぶっている。

［海上自衛隊］
現代に受け継がれた
白の立襟

海上自衛隊 幹部

①海上自衛隊
②常装（第1種夏服）
③1996年制定

　3等海曹以上の常装は、紺の冬服、第1種夏服、第2種夏服、第3種夏服に区分されている。伝統的な第1種夏服は、上位が白の立襟型で5つのボタンがつき、胸に蓋つきのポケットがつく。襟元は2つのホックでとめる。第1種夏服を着用する時には、略帽ではなく正帽をかぶるように定められている。夏服の場合、幹部は黒または白の短靴、海曹以下は黒の靴を着用し、階級は、幹部は両肩、海曹は左腕に丙階級章をつけることで表す。各種徽章や、個人の経歴を表す防衛記念章は、左胸ポケットの上部につけることとされている。礼装時には白の手袋を着用。

海上自衛隊・制帽

正帽（幹部）

帽章は金色の錨と環、桜花、桜葉が入る。2等陸佐以上の正帽は、ひさしに金色の刺繍が入る。陸上自衛隊の「カレーライス」に対し、海上自衛隊では「ライスカレー」と呼ぶ。

正帽（海士）

海士長および海士が使用。帽章は鉢巻のように頭にフィットする形になっており、後ろにペンネントと呼ばれるリボンがつく。リボンの端には、錨のマークが施されている。

作業帽（幹部）

作業帽は、作業服装の一部として使用される。幹部用は、色が濃紺で、あご紐をとめるボタンが金色。ひさしが小さく、上に向かって尖っており、正面には帽章がついている。

作業帽（海曹士）

海曹士用のものは、色が濃青でひさしが大きい。形も幹部のものより深く、野球帽に近い。海曹用の帽章の台地は濃青で、それ以外は幹部と同じデザインのものを使用する。

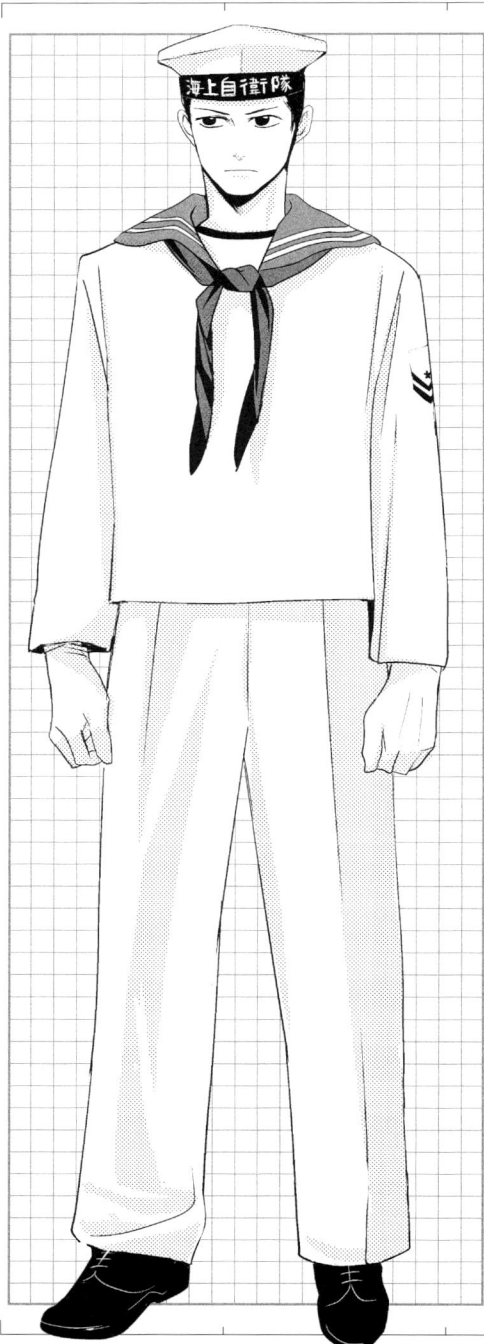

旧海軍から継承された白のセーラー

海上自衛隊 海士

①海上自衛隊
②常装（第1種夏服）
③1996年

　海士長および海士の冬服、第1種・第3種夏服は、セーラー服を採用している。1952年に海上自衛隊の前身である海上警備隊が、海上警備員の制服としてセーラー服を取り入れ現在に至る。第1種・第3種夏服は上衣の左上腕部に丙階級章をつけ、冬服では同じ位置に甲階級章をつける。また冬服、第1種夏服の場合、黒いスカーフ・タイをつける。礼装時は白い手袋を着用する。ズボンは旧海軍以来の伝統である、裾が幅広い「らっぱズボン」を使用している。海士は黒の短靴を履く。冬服は、上下が紺色のセーラー服で、袖に折り返しと2本のラインがつく。

海上自衛隊階級章(丙)

| 統合幕僚長および海上幕僚長たる海将 | 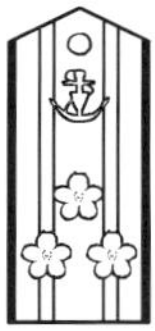 海将 | 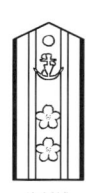 海将補 |  1等海佐 |  2等海佐 |  3等海佐 |

| 1等海尉 |  2等海尉 |  3等陸尉 |  准海尉 |  海曹長 |  1等海曹 |

| 2等海曹 |  3等海曹 |  海士長 |  1等海士 |  2等海士 |  3等海士 |

海上自衛隊には、「甲階級章」、「乙階級章」、「丙階級章」の3種類があり、服装によって使い分ける。幹部の場合、「甲階級章」は常装冬服の袖、乙階級章は第2種夏服の両肩、丙階級章は、第1種・第3種の夏服の両肩につく。海曹士の場合、甲階級章・丙階級章は左袖上腕部につく。

海上自衛隊徽章

海上自衛官は、常装時に職務や技能を表す徽章をつける。金属製で基本的に金色だが、海曹長以下は銀色の徽章を使用することもある。

| 水上艦艇徽章 | 潜水艦徽章 | 潜水員徽章 |

| 航空徽章 | 航空管制徽章 | 潜水医官徽章 |

| 航空医官徽章 | 航空学生徽章 | 体力徽章 |

CHAPTER_03　現代の軍服　―軍服の明日―［アメリカ海軍 士官］

［アメリカ海軍］
金のラインと徽章が
冴える黒地
アメリカ海軍
士官

①アメリカ海軍
②通常軍装（ドレス・ブルー）
③1919年制定

　アメリカ海軍のダブルブレストの制服はドレス・ブルーと呼ばれ、もともとは青に近い色で作られていたが、生地が変更され、現在では黒になっている。鷲と錨と星がデザインされた金色のボタンが6つつく。袖の金色のラインの本数で階級を表し、ラインの上に職種を表す兵科章がつく。一般兵科の場合は星を縫いつける。左胸と両腰に蓋の無いポケットがつく。ジャケットの下には白いワイシャツとネクタイを着用。ワイシャツには左胸ポケットとエポレットがつく。夏期や熱帯地では、ワイシャツのみを着用することができるが、その場合は肩に階級章をつける。

200年以上の伝統を現在に継承する
アメリカ海軍 下士官

①アメリカ海軍
②正装(フルドレス・ホワイト)
③1881年制定

　1881年制定のアメリカ海軍の白い立襟型の制服は、フルドレス・ホワイトと呼ばれ、現在では正装として使用されている。開襟ワイシャツ型のサマーホワイトが制定されるまでは、夏期・熱帯地での通常勤務服として着用された。第二次世界大戦までは、下士官のドレスホワイトは白いジャケットだったが、現在では士官、下士官ともにこのドレス・ホワイトを着用する。正装時には、白い正帽をかぶるよう定められている。士官用正帽には、金のあご紐に、錨と鷲の帽章がつき、バイザーにはスクランブルエッグと呼ばれる金の柏の模様がデザインされている。

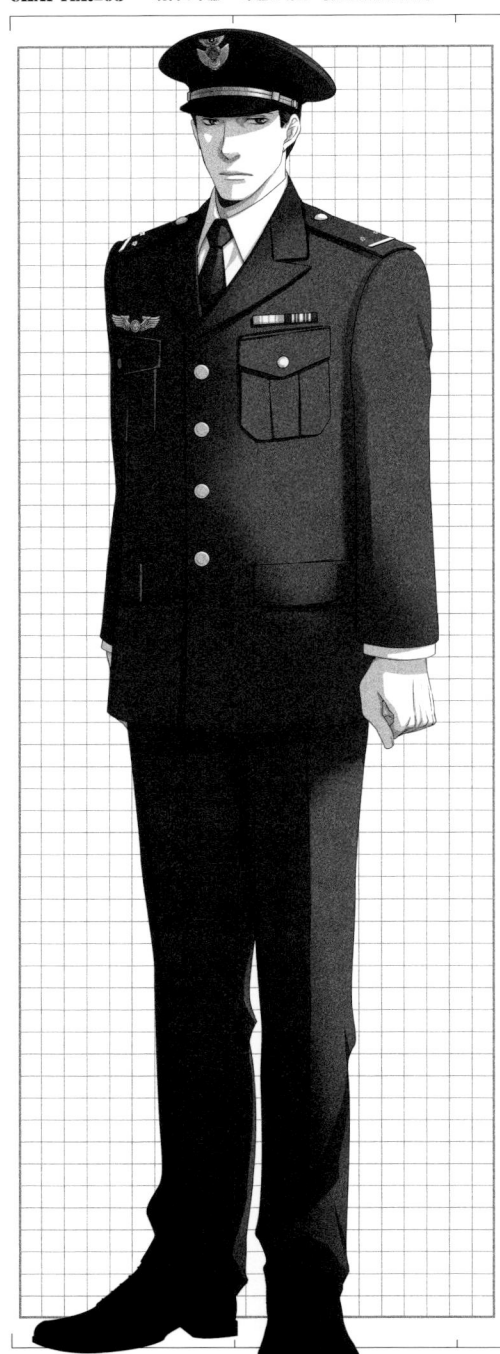

[航空自衛隊]
日本の空を見つめ続ける
澄んだ濃青色の制服

航空自衛隊幹部

①航空自衛隊
②常装（冬服）
③1970年制定

　航空自衛隊の常装は、冬服、第1種・第2種・第3種夏服に区分されている。幹部、曹士のデザインは共通だが、階級章の装着位置が異なる。冬服と第1種夏服は、同様の濃青色のシングルスーツタイプの上下を採用しており、両胸に蓋とプリーツのついたポケットがつく。曹士は、両肩と両上襟に甲階級章をつけるが、空士・空士長は、上衣左腕部に甲階級章をつける。どの階級でも右胸に部隊章、左胸に防衛記念章をつける。幹部（1等空尉～3等空尉）の正帽は、あご紐と帽章が金色。それ以上の階級の場合、あご紐は銀色で、ひさしの正面に桜花・桜葉の模様がつく。

現代の軍服 —軍服の明日—［航空自衛隊 パイロット］　　**CHAPTER_03**

パイロットの生命を守る 総重量7kgの装備

航空自衛隊 パイロット

① 航空自衛隊
② 航空服装
③ 1980年

　航空自衛隊の航空機搭乗員が航空機に搭乗する際の服装は、「航空服装」として定められている。操縦時や作業時に安全を確保するとともに、緊急時に備えて様々な装備が備わっている。航空時の服装として、航空服（フライトスーツ）、航空帽（航空ヘルメット）、航空靴、航空手袋が規定されている。登場する機体や、任務の内容によって、装具類が異なる。イラストは、F15J要撃戦闘機のパイロットの航空服装である。耐G服と救命胴衣、ハーネスが一体化した保命ジャケットを着用している。航空ヘルメット（FHG-2）は、通信用のヘッドセットを内蔵している。

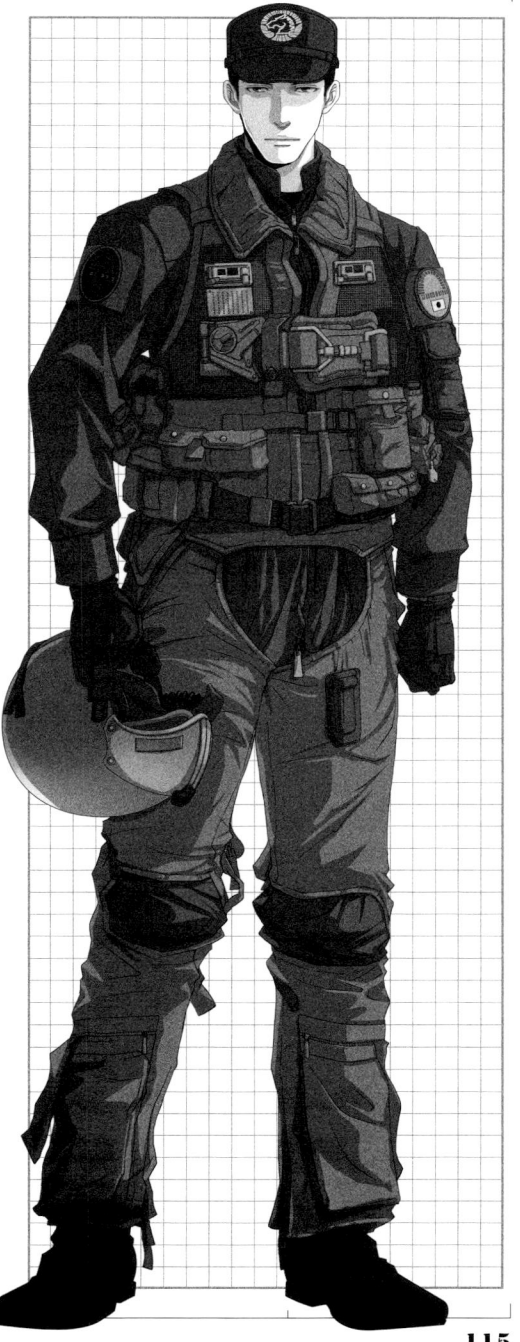

115

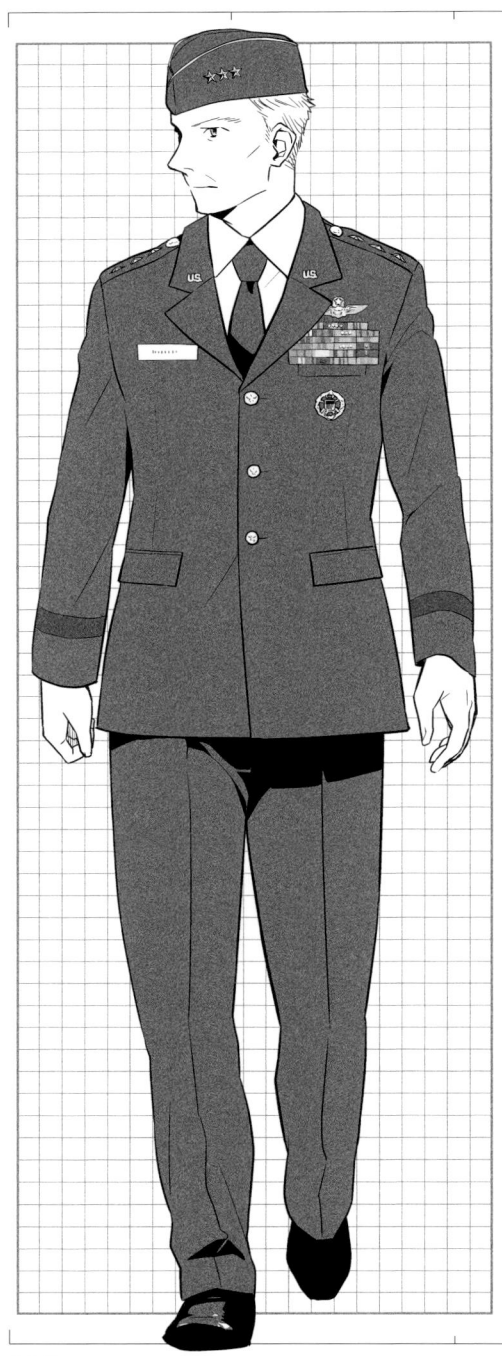

[アメリカ空軍]

常に新しいものを取り入れて成長していく

アメリカ空軍 幹部

① アメリカ空軍
② 通常軍装
③ 2000年代

　アメリカ空軍はもともとは陸軍の一部隊だったため、通常軍装は陸軍のものと形が似ている。シングルブレストのスーツタイプの上下で、色は濃紺。前合わせは3つの銀色のボタンでとめる。ボタンの数やショルダーストラップなど、頻繁にデザインが変更されている。左胸と両腰に、蓋つきのポケットがつく。肩章は台地が青で、金属の星の数で階級を表している。右胸部に名札、左ポケット上部に勲章類、両上襟に将校用のUS章がつく。将校用のジャケットの袖口には、黒のラインが入る。イラストでは、階級章の入った将校用の略帽をかぶっている。

現代の軍服 —軍服の明日—[アメリカ空軍 パイロット]　**CHAPTER_03**

人間の限界へ
挑戦するための装備
アメリカ空軍
パイロット

①アメリカ空軍
②F-22A飛行装備
③2005年

　飛行機の発明以降、防寒だけではなく、被弾や不時着、機器トラブルなど、様々な不測の事態に対応できるように、生理学や化学に基づいて飛行服が開発されてきた。近年、技術の進歩により戦闘機の性能が上がったことで、その性能に人間の身体能力が対応できず、新たな装備が必要になってきた。そこで開発されたのが耐Gスーツである。人間の体に重力加速度（G）がかかると、血流が下半身に集中して、脳が酸素不足に陥り貧血状態になる。耐Gスーツは、Gがかかると自動的に腹部や胸部を締め付けて、血流が下がるのを防ぐ機能がある。

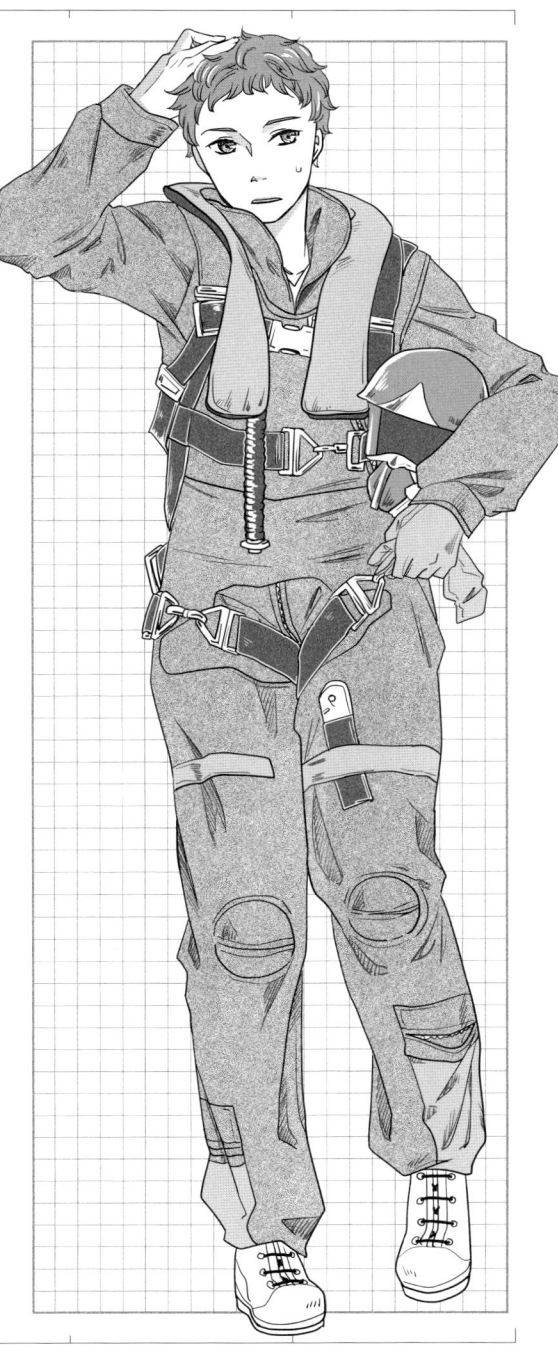

［特殊部隊］
対テロ作戦から非正規戦闘までこなす特殊部隊

イギリス陸軍 SAS 隊員

①イギリス陸軍ＳＡＳ
②突入用装具
③2000年代

　ＳＡＳ（イギリス特別航空任務部隊）は、第二次世界大戦中に創設されたイギリス陸軍の特殊部隊である。隊員の技術が高く、世界で最も優秀な特殊部隊と言われている。イラストは、ＳＡＳの対テロ作戦で使用されるＩＰＰＳという突入用装具である。耐熱性のあるノーメックス・アラミド製のアサルト・スーツの上から、ケブラー製のボディアーマーを装着する。ナイロン製のアサルトベストをつけるが、これには決まった形が無く、作戦や状況に応じて使い分ける。作戦行動時には突入用防弾ヘルメットと、通信装置を内蔵したガスマスクを使用する。

特殊部隊

　第二次世界大戦中にイギリス陸軍でＳＡＳが創設されると、それに倣って世界各国の軍・警察が相次いで特殊部隊を創設した。特殊部隊はおおまかに軍隊系と警察系に分けられる。隊員は、陸・海軍または海兵隊の内部で選抜されるパターンや、警察の中で組織されるパターンなど様々である。アメリカ陸軍のグリーン・ベレー、デルタ・フォース、海軍のＳＥＡＬｓ、ロシアのスペツナズ、ロサンゼルス市警のＳＷＡＴなどが有名。

　特殊部隊と言えば対テロ部隊の印象が強いが、もともとは陸軍や海軍の空挺部隊であり、紛争にも投入されている。近代的な民族紛争においては、テロリズムやゲリラ戦など、戦闘の形が従来の戦争と異なるため、特殊部隊の重要性が認識されるようになった。破壊工作や偵察活動、要人の警護、対テロ治安維持活動、人質の救出など、その任務は多岐に渡っている。

　特殊部隊で使用される装備は任務によって異なる。例えば、突入作戦では、暗い色の難燃性の生地のスーツを着用し、ボディアーマー、弾倉などを入れて携帯するタクティカルベスト、膝用の保護パッド、タクティカルブーツ、ゴーグルやヘルメットなどを装備する。また、降下作戦を行うレンジャー部隊は、上空は－50℃にもなるため、分厚いワンピースのスーツを着用してパラシュートコンテナを背負う。その他に、紛争地域でのパトロール任務中のグリーンベレー隊員は、迷彩柄のズボンにTシャツを着て、その上にカーキや迷彩のバッグパックと一体になったボディアーマーを装備した。

　ここに上げたものはほんの一部だが、一口に特殊部隊と言っても、所属組織や任務内容によって、実に多彩な装備を使用するのである。

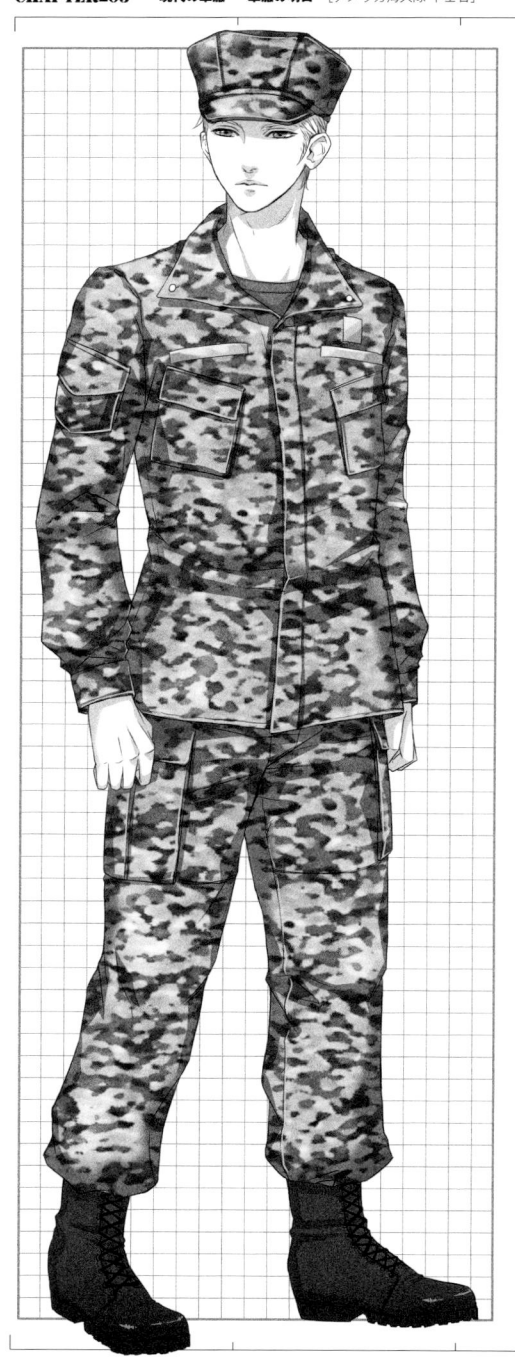

［その他］
軽さ、着心地、動きやすさ
すべてを備えた戦闘服

アメリカ海兵隊 下士官

①アメリカ海兵隊
②フィールドジャケット
③1960年代

　海兵隊は、海軍の上陸部隊・空挺部隊から派生した軍隊で、世界各国で独立した軍隊となっている。特にアメリカ海兵隊は、陸、海、空軍に並ぶ第4の軍隊とも呼ばれる。アメリカ陸軍で1943年に誕生したM1943フィールドジャケットは、市販のウィンドブレーカーを軍用に転用したもので、その機能性から世界各国の軍隊でも使われるようになった。一番の特徴は、ジャケットの下に着るものを調節することによって、幅広い気候に対応できる点である。アメリカ海兵隊においては、何度かジャケットの変更が行われたが、そのすべてがM1943のマイナーチェンジである。

スタイルを引き立てる
黒と赤のライン
イタリア国家憲兵
(カラビニエリ)

①イタリア国家憲兵(カラビニエリ)
②通常制服
③20世紀

　カラビニエリは、国防省に所属する国家憲兵であり、陸、海、空軍とともに4軍を構成する。平時は一般警察の任務を行っており、有事の際には軍事活動に投入される。設立当初は、国家警察と同様の青を基調とした制服を使用していたが、現在は黒のスーツタイプを着用している。エポレットと襟章、袖の折り返しには、赤いパイピングが施されている。カラビニエリの特徴の一つである白い胸ベルトは、背中部分に鞄がつく。ズボンの側面には赤いラインが入る。夏期は水色の半袖ワイシャツを開襟で着用する。通常勤務中は、黒い正帽をかぶる。

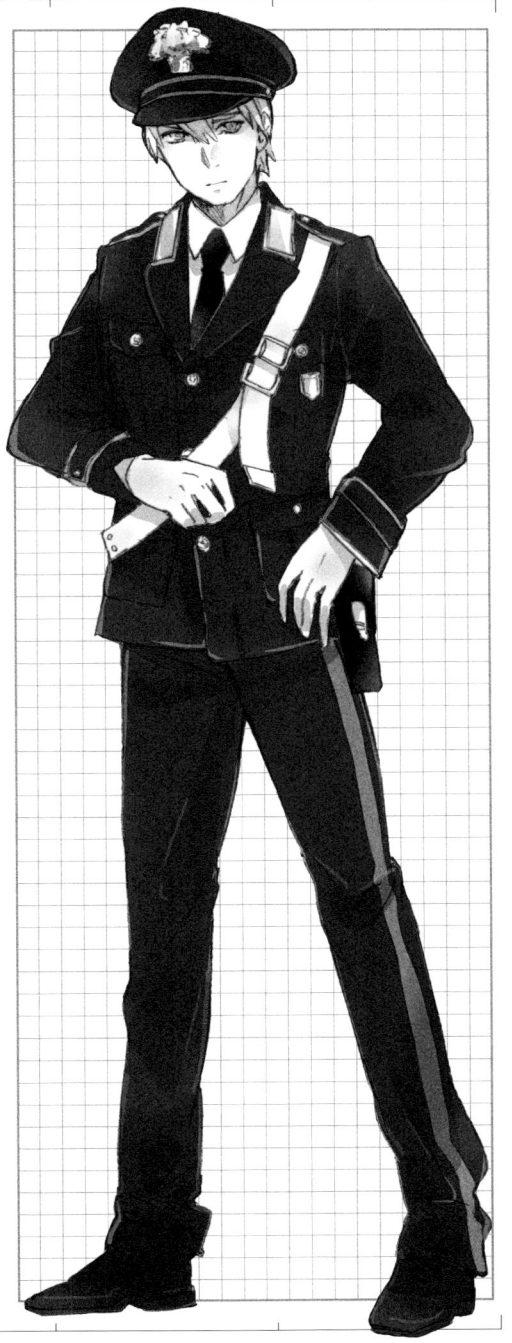

用語集

エポレット【えぽれっと】
服の肩につける付属品。肩章とも呼ばれ、軍装においては階級章として使用されることが多い。

オリーブドラブ【おりーぶどらぶ】
くすんだ黄色のような色のこと。「OD色(おーでーしょく)」とも。第2次世界大戦中に、アメリカ軍の戦闘服に使用された。日本では、陸上自衛隊の車両などに使われている。

カーキ色【かーきいろ】
19世紀後半に、インドに進駐していたイギリス軍が使用したのが最初である。赤いジャケットに白いズボンでは目立ってしまうため、現地の地形に合わせた色の制服が作られた。

カーディガン【かーでぃがん】
1853年～56年のクリミア戦争の最中に負傷したカーディガン伯爵が、着脱しやすいように前あきのセーターを作らせたのが現在のカーディガンの原型と言われている。

階級【かいきゅう】
軍隊内の格づけ制度。下の者は上の者に絶対服従である。世界のほぼ全ての軍隊で階級を使用しており、様々な階級制度が存在する。

階級章【かいきゅうしょう】
個人の階級を表すために、服や帽子に着ける装飾品。襟や肩、肘、腕など、各軍隊の規定によって身につける場所は様々である。

徽章【きしょう】
衣服につけるバッジやメダル、ワッペンのこと。軍隊ではつける場所が決まっている。階級章や職種徽章、国家徽章などもこれに含まれる。

軍服【ぐんぷく】
軍隊に所属する軍人が着る制服。16世紀に、スウェーデン軍が敵味方の区別をつけるために、揃いの派手な色の衣装を着るようになったのが軍服の起源と言われている。

ゲートル【げーとる】
歩兵が使用する、靴やズボンの上から足に巻く脚絆。帯状の布を巻きつけるタイプと、布をボタンで足に合わせてとめるレギンスタイプがある。ズボンの裾が障害物に絡まるのを防いだり、行軍中に足を疲れさせない効果がある。

ジレ【じれ】
18世紀にフランスで登場した、袖のない胴衣。ウェストコートとも呼ばれる。現在はベストと同じものになっているが、当時は装飾性が高く、上着の下に着る飾りとして着用された。

正装【せいそう】

式典時や、公の場で着る服および身につける装飾品のこと。ほとんどの国の軍には服装規定があり、正装が定められている。

制帽【せいぼう】

現代の軍人や警察、自衛官、鉄道職員がかぶるひさしのついた帽子。その原型は17世紀のドイツ軍で使われた野戦用の帽子だと言われている。

戦闘服【せんとうふく】

軍人が戦闘時に着用する服。カーキやオリーブドラブ、迷彩など様々なパターンがある。

通常軍装【つうじょうぐんそう】

軍人が作戦中や通常勤務時に着用する制服。本書では主に通常軍装を扱っている。

Tシャツ【てぃーしゃつ】

現在着られているTシャツは、最初は軍隊の肌着として誕生した。Tシャツが登場するまでは軍用のワイシャツを肌着として着用していた。

ドッグ・タグ【どっぐ・たぐ】

戦死したときに遺体が損壊していた場合などに、個人を識別するため軍人が身に着ける認識票のこと。多くは金属製で、個人の氏名、生年月日、血液型、所属などが刻まれている。

パイピング【ぱいぴんぐ】

洋服の生地の縁に施される装飾のこと。最初は布の端をテープや他の布でくるみ、端がほつれないようにするという実用的な目的で用いられたが、現在では装飾として多用されている。

フラップ【ふらっぷ】

ポケットの蓋のこと。「フラップ」は、「ばたばた音を立てて開閉するもの」の意味。

ブレザー【ぶれざー】

上着の一種。学校やスポーツ選手の制服として使用されることが多い。紺か黒のものが多いが、色が決まっているわけではない。ちなみに「スーツ」は、上下一揃いのセットのこと。

ベント【べんと】

スーツやコートの後ろの裾に入る切り込み。「ベント（vent）」とは、フランス語で風の意味。切込みが無いものがノーベント、中央に1つあるのがセンターベント（馬乗り型）、両脇にあるのがサイドベンツ（剣吊り型）である。

迷彩【めいさい】

敵が自分の姿を見え難くするために戦闘服や車両、航空機などに施すカモフラージュ。周囲の景色に溶け込むために、複数の色を使って様々なパターンを描く。雪原では白、砂漠地帯では茶色など、土地にあわせて使い分けられる。

作家コメント

COMMENT

尚月地
●なおつきじ

表紙を任せて頂き、緊張しながらも張り切って描きました。軍服の図鑑ということで、読者様のお役に立てますように！

【担当イラスト】カバー

一尾ニナ
●いちおにな

デザインの秀逸さ、装飾の繊細さ、フェティシズムに溢れているなぁと改めて感じました。夢中で描きました。ありがとうございました！

【担当イラスト】小物

奥谷あゆこ
●おくたにあゆこ

軍服充するべく映画を見たりFPSに手を出してみたりしますが、人がプレイしているのを横で見ている方が得意です。

【担当イラスト】P51 イタリア国防義勇軍（MVSN）下士官、P64 フランス陸軍 将校、P82 ドイツ海軍 司令官

環付からびな
●かんつきからびな

自衛隊に胸熱中。国際社会で殊に不器用なこの国を護る、制服の内側に秘められた志に滾ります。「五省」の精神に憧れながら、日々己の欲望に打ち負かされ気味な猫背の絵描きです。

【担当イラスト】P9 陸上自衛隊 幹部、P114 航空自衛隊 幹部、P115 航空自衛隊 パイロット、P118 イギリス陸軍SAS隊員

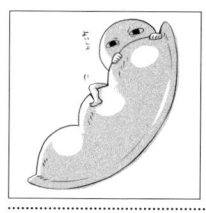

國生将史
●こくしょうまさし

この度はWW2ドイツ軍を担当させて頂きました。ドイツ軍は描く事の多い題材ですが、改めて調べ直すと迷う事ばかり……大変勉強になりました。WW2については、パレードや戦場の他、何気ない姿を収めた写真集をぼんやりと眺めるのが好きです。最近はソ連等、連合軍を描く機会が増えました。

【担当イラスト】P4 アルゲマイネSS 将校、P5 武装SS 将校、P50 ナチス突撃隊（SA）将校、P53 ドイツ陸軍 下士官、P54 ドイツ陸軍 将校

茶豆
●ちゃまめ

一時期すごく戦闘機が見たくて「トップガン」を借りて見てみたのですが、ブリーフの記憶しか残りませんでした。

【担当イラスト】P16 アメリカ陸軍航空隊 将校、P99 イギリス空軍 パイロット

つね
●つね

はじめまして、つねです。いろんな兵隊さんの軍服を描けて勉強になりました。資料を読むのに夢中になって原稿が進まなかった夜もありました(笑)。お誘いありがとうございました！

【担当イラスト】P8 大日本帝國海軍 士官、P36 大日本帝國海軍 士官、P66 アメリカ陸軍 将校、P67 アメリカ陸軍 下士官、P68 ソビエト連邦陸軍 将校、P70 ソビエト連邦陸軍 兵卒、P98 大日本帝國海軍航空隊 将校、P112 アメリカ海軍 士官、P113 アメリカ海軍 下士官、P116 アメリカ空軍 幹部

作家コメント

泥
●どろ

軍服素敵ですね。とっても描くのが楽しかったです。ありがとうございました。

【担当イラスト】P11 フランス陸軍 歩兵、P22 ハンガリー軽騎兵（ユサール）、P23 ポーランド槍騎兵（ウーラン）、P24 イギリス陸軍 近衛歩兵、P25 イギリス陸軍 近衛騎兵（ライフガード）、P26 アメリカ植民地軍 歩兵、P27 フランス陸軍 近衛騎兵、P28 フランス陸軍 軽騎兵、P32 イギリス海軍 提督、P33 フランス海軍 士官、P38 イギリス陸軍 スコットランド歩兵、P39 フランス陸軍 歩兵、P41 イタリア空軍 パイロット、P120 アメリカ海兵隊 下士官

なすび
●なすび

声をかけて頂いてありがとうございました。良い軍服と良いおっさんが描けて私は幸せです。

【担当イラスト】P6 ＳＳ機甲部隊 下士官、P52 ドイツ陸軍 将校

布袋あずき
●ぬのぶくろあずき

軍服イラストを描かせていただいて、改めて軍服の良さを再確認しました。ありがとうございます。合理性とファッション性の産物・軍服に、今後多くの方が開眼することを祈ります。切に。

【担当イラスト】P7 第3ＳＳ機甲師団 兵卒、P10 オスマン帝国イェニチェリ 歩兵、P14 イギリス陸軍 将校、P58 大日本帝国陸軍 兵卒、P60 イタリア陸軍 将校、P65 フランス陸軍 下士官、P71 中国国民党軍 将校、P72 イギリス陸軍 士官、P74 ドイツ海軍 水兵、P90 フランス海軍 水兵、P91 フランス海軍 水兵、P92 アメリカ海兵隊 下士官、P96 ドイツ空軍 将校、P97 ドイツ空軍 下士官、P100 ヒトラーユーゲント、P104 陸上自衛隊 陸士、P106 アメリカ陸軍 幹部、P107 アメリカ陸軍 下士官、P117 アメリカ空軍 パイロット、小物

はつがまい
●はつがまい

軍服の本ということでお誘いくださりありがとうございました。たくさんの詳しい軍服たちが見れると思うと胸がおどります！ ドキドキ……。とても楽しく描かせて頂きました！

【担当イラスト】P56 大日本帝國陸軍 将校、P57 大日本帝國陸軍 憲兵、P76 イギリス海軍 下士官

牧
●まき

軍服、軍艦に目がありませんので、描かせて頂き光栄です。コミックボックスジュニアで軍艦擬人化の漫画を連載、夏にはコミックスも出ますのでこちらも宜しくお願いします。

【担当イラスト】P13 帝政ロシア海軍 司令官、P80 ドイツ海軍 Uボートクルー、P81 ドイツ海軍 下士官、P84 大日本帝国海軍 士官、P85 大日本帝國海軍 士官、P86 大日本帝国海軍 水兵、P108 海上自衛隊 幹部、P110 海上自衛隊 海士

三好知子
●みよしともこ

初めまして、三好と申します。「軍服と聞いてお受けしない訳にはいかない!!」と喜び勇んで描かせて頂きました。

【担当イラスト】P12 ドイツ帝国（プロイセン）陸軍 将校

yori
●より

海外の軍服はどれもお洒落なものばかりですね。一昨年に購入したポーランド産の軍帽がサイズがぶかぶかで全然使っていなかったので今度お直しに出したいな〜と思っています。

【担当イラスト】P15 イギリス海軍 下士官、P61 イタリア陸軍 下士官、P88 イタリア海軍 士官、P89 イタリア海軍 水兵、P121 イタリア国家憲兵（カラビニエリ）

制作スタッフ

株式会社パルプライド
（喜多村崇之、和田恵美子、菅沼佳美、川畑俊輔、中村桃子、宮城和也）、十川光輝

125

国別索引

❶…18世紀～W.W.Ⅰ／❷…W.W.Ⅱ／❸…現代

［アメリカ］
- ❶ アメリカ独立戦争　アメリカ植民地軍 歩兵 …………… 026
- ❷ 陸軍　アメリカ陸軍 将校 ……………………………… 066
- ❷ 陸軍　アメリカ陸軍 下士官 …………………………… 067
- ❷ 海軍　アメリカ海兵隊 下士官 ………………………… 092
- ❷ 空軍　アメリカ陸軍航空隊 将校 ……………… 016、094
- ❸ アメリカ陸軍　アメリカ陸軍 幹部 …………………… 106
- ❸ アメリカ陸軍　アメリカ陸軍 下士官 ………………… 107
- ❸ アメリカ海軍　アメリカ海軍 士官 …………………… 112
- ❸ アメリカ海軍　アメリカ海軍 下士官 ………………… 113
- ❸ アメリカ空軍　アメリカ空軍 幹部 …………………… 116
- ❸ アメリカ空軍　アメリカ空軍 パイロット …………… 117
- ❸ その他　アメリカ海兵隊 下士官 ……………………… 120

［イギリス］
- ❶ アメリカ独立戦争　イギリス陸軍 近衛歩兵 ………… 024
- ❶ アメリカ独立戦争　イギリス陸軍 近衛騎兵（ライフガード）… 025
- ❶ トラファルガー海戦　イギリス海軍 提督 …………… 032
- ❶ 第1次世界大戦　イギリス陸軍 スコットランド歩兵 …… 038
- ❷ 陸軍　イギリス陸軍 将校 ……………………… 014、062
- ❷ 海軍　イギリス海軍 士官 ……………………………… 072
- ❷ 海軍　イギリス海軍 水兵 ……………………………… 074
- ❷ 海軍　イギリス海軍 下士官 …………………………… 076
- ❷ 海軍　イギリス海軍 下士官 …………………… 015、078
- ❷ 空軍　イギリス空軍 パイロット ……………………… 099
- ❸ 特殊部隊　イギリス陸軍SAS 隊員 …………………… 118

［イタリア］
- ❶ 第1次世界大戦　イタリア空軍 パイロット ………… 041
- ❷ その他民兵組織　イタリア国家義勇軍（MVSN）下士官 …… 051
- ❷ 陸軍　イタリア陸軍 将校 ……………………………… 060
- ❷ 陸軍　イタリア陸軍 下士官 …………………………… 061
- ❷ 海軍　イタリア海軍 士官 ……………………………… 088
- ❷ 海軍　イタリア海軍 水兵 ……………………………… 089
- ❸ その他　イタリア国家憲兵（カラビニエリ）………… 121

［中国］
- ❷ 陸軍　中国国民党軍 将校 ……………………………… 071

［ドイツ］
- ❶ 第1次世界大戦　ドイツ帝国（プロイセン）陸軍 将校 …… 012、040
- ❷ ナチス親衛隊　アルゲマイネSS 将校 ………… 004、044
- ❷ ナチス親衛隊　武装SS 将校 …………………… 005、046
- ❷ ナチス親衛隊　SS機甲部隊 下士官 …………… 006、048
- ❷ ナチス親衛隊　第3SS機甲師団 兵卒 ………… 007、049
- ❷ ナチス親衛隊　ヒトラーユーゲント ………………… 100
- ❷ その他民兵組織　ナチス突撃隊（SA）将校 ………… 050
- ❷ 陸軍　ドイツ陸軍 将校 ………………………………… 052
- ❷ 陸軍　ドイツ陸軍 将校 ………………………………… 053
- ❷ 陸軍　ドイツ陸軍 下士官 ……………………………… 054
- ❷ 海軍　ドイツ海軍 Uボートクルー …………………… 080
- ❷ 海軍　ドイツ海軍 下士官 ……………………………… 081
- ❷ 海軍　ドイツ海軍 司令官 ……………………………… 082
- ❷ 空軍　ドイツ空軍 将校 ………………………………… 096
- ❷ 空軍　ドイツ空軍 下士官 ……………………………… 097

［トルコ］
- ❶ オスマン帝国　オスマン帝国イェニチェリ 歩兵… 010、018

［日本］
- ❶ 日本海海戦　大日本帝國海軍 士官 …………… 008、035
- ❶ 日本海海戦　大日本帝國海軍 士官 …………………… 036
- ❷ 陸軍　大日本帝國陸軍 将校 …………………………… 056
- ❷ 陸軍　大日本帝國陸軍 憲兵 …………………………… 057
- ❷ 陸軍　大日本帝國陸軍 兵卒 …………………………… 058
- ❷ 海軍　大日本帝國海軍 士官 …………………………… 084
- ❷ 海軍　大日本帝國海軍 士官 …………………………… 085
- ❷ 海軍　大日本帝國海軍 水兵 …………………………… 086
- ❷ 空軍　大日本帝國海軍航空隊 将校 …………………… 098
- ❸ 陸上自衛隊　陸上自衛隊 幹部 ………………… 009、102
- ❸ 陸上自衛隊　陸上自衛隊 陸士 ………………………… 104
- ❸ 海上自衛隊　海上自衛隊 幹部 ………………………… 108
- ❸ 海上自衛隊　海上自衛隊 海士 ………………………… 110
- ❸ 航空自衛隊　航空自衛隊 幹部 ………………………… 114
- ❸ 航空自衛隊　航空自衛隊 パイロット ………………… 115

［ハンガリー］
- ❶ 東ヨーロッパの軽騎兵　ハンガリー軽騎兵（ユサール）… 022

［フランス］
- ❶ アメリカ独立戦争　フランス陸軍 近衛歩兵 ………… 027
- ❶ ナポレオン時代　フランス陸軍 軽騎兵 ……………… 028
- ❶ ナポレオン時代　フランス陸軍 歩兵 ………… 011、030
- ❶ トラファルガー海戦　フランス海軍 士官 …………… 033
- ❶ 第1次世界大戦　フランス陸軍 歩兵 ………………… 039
- ❷ 陸軍　フランス陸軍 将校 ……………………………… 064
- ❷ 陸軍　フランス陸軍 下士官 …………………………… 065
- ❷ 海軍　フランス海軍 下士官 …………………………… 090
- ❷ 海軍　フランス海軍 水兵 ……………………………… 091

［ポーランド］
- ❶ 東ヨーロッパの軽騎兵　ポーランド槍騎兵（ウーラン）… 023

［ロシア］
- ❶ 日本海海戦　帝政ロシア海軍 司令官 ………… 013、034
- ❷ 陸軍　ソビエト連邦陸軍 将校 ………………… 068
- ❷ 陸軍　ソビエト連邦陸軍 兵卒 ………………… 070

古今東西の軍服はご堪能いただけましたでしょうか？

軍服は単なる制服ではなく、
戦う男の魅力を最大限に引き出すことのできる
アイテムだということを
感じていただけたらと思います。

本書に登場した軍服はほんの一部ですが、
あなたの軍服に対する愛を深める一端となれば幸いです。

軍服を愛でる会　一同

参考資料

『アメリカ空軍図鑑』(山岡靖義 監修、学習研究社)
『アメリカ海軍図鑑』(坂上芳洋 監修、学習研究社)
『イタリア軍入門』(吉川和篤　山野治夫 著、イカロス出版)
『オスプレイ・メンアットアームズ・シリーズ
オスマン・トルコの軍隊―大帝国の興亡　1300－1774－』
(デヴィッド・ニコル 著、桂令夫 訳、新紀元社)
『オスプレイ・メンアットアームズ・シリーズ
ナポレオンの軽騎兵―華麗なるユサール―』
(エミール・ブカーリ 著、佐藤俊之 訳、新紀元社)
『オスプレイ・メンアットアームズ・シリーズ
ウェリントンの将軍たち―ナポレオン戦争の覇者―』
(イケル・バーソープ 著、堀和子 訳、新紀元社)
『コートを着る本』(ワールドフォトプレス)
『スーツ＝軍服!?
スーツ・ファッションはミリタリー・ファッションの末裔だった!!』
(辻本よしふみ 著、辻元玲子 絵、彩流社)
『制服の帝国―アルゲマイネＳＳ写真集―新装版』
(山下英一郎 著、新紀元社)
『「知」のビジュアル百科16　写真が語る第一次世界大戦』
(サイモン・アダムズ 著、猪口邦子 日本語版監修、あすなろ書房)
『「知」のビジュアル百科17　写真が語る第二次世界大戦』
(サイモン・アダムズ 著、猪口邦子 日本語版監修、あすなろ書房)
『[図説]最新世界の特殊部隊』(学習研究社)
『図説従軍画家が描いた日露戦争』
(平塚柾緒 著、太平洋戦争研究会 編、河出書房新社)
『図説日本海軍』(太平洋戦争研究会 著、河出書房新社)

『図解・日本陸軍[歩兵篇]』(中西立太 画、田中正人 文、並木書房)
『大図解特殊部隊の装備』(坂本明 著、グリーンアロー出版)
『第二次世界大戦軍装ガイド―1939～1945―』
(アナクロニズム45 著、新紀元社)
『第2次大戦各国軍装全ガイド』
(ピーター・ダーマン、三島瑞穂 監訳、北島護 訳、並木書房)
『ナチス親衛隊軍装ハンドブック』
(ロビン・ラムスデン 著、知野隆太 監訳、原書房)
『日本海軍軍装図鑑』(柳生悦子 著、並木書房)
『日本の軍装　1841～1929　幕末から日露戦争 改訂版』
(中西立太 著、大日本絵画)
『日本の軍装―1930～1945―』(中西立太 著、大日本絵画)
『飛行服大全』(ワールドフォトプレス)
『ビジュアル・ディクショナリー7　軍服』
(矢川甲子郎 訳、川成洋 日本語版監修、同朋舎出版)
『ヒトラー・ユーゲント―第三帝国の若き戦士たち―』
(B.R.ルイス 著、大山晶 訳、原書房)
『ミリタリー・ユニフォーム2
ドイツ武装親衛隊軍装ガイド』
(アンドリュー・スティーヴン、ピーター・アモーディオ 共著、
北島護 訳、並木書房)
『ミリタリー・ユニフォーム4
第2次大戦ドイツ軍軍装ガイド　完全版』
(ジャン・ド・ラガルド 著、並木書房)
『WW2ドイツ軍ユニフォーム＆個人装備マニュアル』
(菊月俊之 著、グリーンアロー出版社)

戦う男の軍服図鑑

著者　軍服を愛でる会

発行所　株式会社　二見書房
　　　　東京都千代田区三崎町 2-18-11
　　　　電話　03(3515)2311【営業】
　　　　　　　03(3515)2313【編集】
　　　　振替　00170-4-2639

編集　株式会社パルプライド
デザイン　サトウセーイチ

印刷　株式会社　堀内印刷所
製本　合資会社　村上製本所

落丁・乱丁本はお取替えいたします。
定価は、カバーに表示してあります。
©GUNPUKU WO MEDERU KAI

Printed in Japan
ISBN978-4-576-11101-8
http://www.futami.co.jp